全圖解

正確冷凍解凍

預備菜快速上桌

冷凍保存＆解凍テク

330 種食材保鮮 × 33 道簡易食譜，鎖住營養美味／零剩食／回家就開飯

作者：：朝日新聞出版（編著）、鈴木徹（監修）、牛尾理惠（料理）

譯者：：黃詩婷

符合SDGs＆解決食物浪費！
我們將教您居家冷凍的秘訣

由於食品價格上漲和疫情影響，人們在家用餐的機會增加，因此各式各樣的冷凍調理包與居家冷凍的需求也逐漸增加。在這樣的情況下，對輔助冷凍庫的需求也隨之提高。

同時，許多人希望把多餘或一次性大量採購的食材妥當地冷凍起來，以確保食物能被吃光。

另外，將高級食材或高檔西餐廳料理冷凍後再銷售的商業行為也日益盛行。這些食物通常口味出眾，讓人絲毫不覺得它們是冷凍調理包，也因此點燃了冷凍商務的蓬勃發展。

在家庭中，大家是否認為食材或料理冷凍後，根本不可能維持原有的美味呢？其實只要知道冷凍的奧妙，就算在家裡也能夠做出媲美市售冷凍調理包的佳餚。甚至能親手製作出獨創的冷凍調理包或食材，享用美食的同時又毫不浪費。以前那個一冷凍就會變難吃的觀念已經過時了。

如今經過大家多年研究，我們已經揭開了冷凍的奧秘，只要將烹調ー冷凍ー保存ー解凍這些步驟各自的理論和技巧互相結合，就算是在家裡進行冷凍，也能夠享用到媲美外面餐廳的美味料理。而且最令人開心的是，保存期限也更久了！

本書的內容將毫無保留地介紹居家冷凍的技巧，請大家試著運用這些方法。透過居家冷凍實現SDGs！不再浪費食物的同時也節省烹調時間。我希望大家都能夠藉由這些方法做到這些事情。

東京海洋大學特駐教授　鈴木徹

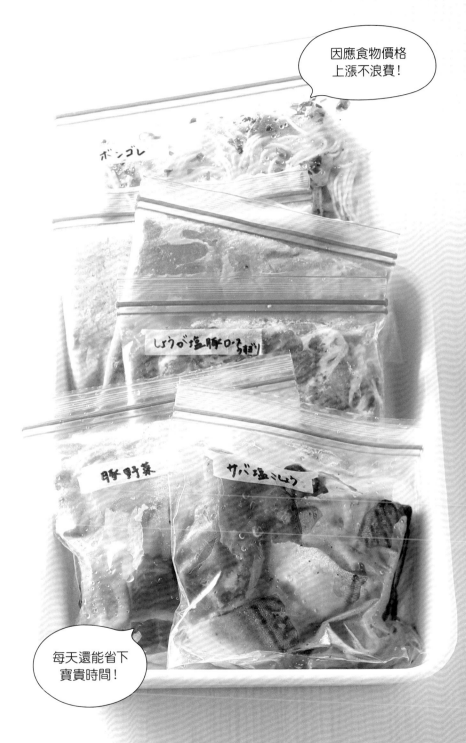

目録

2 序
符合 SDGs & 解決食物浪費
我們將教您居家冷凍的秘訣！

8 本書使用方式

PART 1
冷凍與解凍的基本方法

1 冷凍保存

10 冷凍法① 生鮮（直接）冷凍
11 冷凍法② 川燙冷凍
12 冷凍法③ 基礎調味冷凍
13 冷凍法④ 烹調後冷凍
14 冷凍法⑤ 烹調前冷凍

【主題】
15 蔬菜冷凍後更能保留營養！

2 解凍

16 解凍法① 維持冷凍狀態
17 解凍法② 冰水解凍
解凍法③ 流水解凍
解凍法④ 冷藏庫解凍
解凍法⑤ 熱水解凍
解凍法⑥ 微波爐解凍

【自製冷凍調理包推薦】
1 冷凍餐點組合
18 ① 蛤蜊義大利麵
20 ② 鯖魚罐頭義大利麵
22 ③ 牛番茄炒麵
24 ④ 炒烏龍
26 ⑤ 鮭魚什錦蔬菜
28 ⑥ 味噌雞肉佐根莖類蔬菜
30 ⑦ 豬肉番茄高麗菜
32 ⑧ 咖哩蝦蔬菜
34

【冷凍保存專欄 1】
36 冷凍前後有什麼不一樣？

PART 2
肉、海鮮、豆子、大豆產品、蛋、乳製品
冷凍保存＆解凍技巧

38 Q 肉類冷凍徹底檢驗①
煎雞胸肉的正確方法為何？
39 Q 肉類冷凍徹底檢驗②
基礎調味過的冷凍肉正確烹調方法為何？
40 Q 肉類冷凍徹底檢驗③
炸豬排的正確製作方法為何？
41 Q 肉類冷凍徹底檢驗④
豬排的正確油炸方法為何？

【雞肉】
42 雞腿肉
44 雞胸肉
46 雞里肌肉
48 雞翅

4

〔豬肉〕
50 豬肉塊
52 豬排肉
54 不規則豬肉片
56 豬肉薄片

〔牛肉〕
58 牛排肉
60 牛肉薄片、不規則牛肉片

〔絞肉〕
62 絞肉

〔冷凍保存專欄2〕
65 解凍後仍然保留美味的關鍵是什麼？

〔肉類加工品〕
66 培根塊
67 小香腸
68 培根片
69 火腿

〔海鮮冷凍徹底檢驗①〕
70 Q 生魚片的正確冷凍方法為何？

〔海鮮冷凍徹底檢驗②〕
71 Q 冷凍醃漬生魚片的正確解凍方法為何？

〔海鮮冷凍徹底檢驗③〕
72 Q 小型竹筴魚的正確冷凍方法為何？

〔海鮮冷凍徹底檢驗④〕
73 Q 冷凍蛤仔的正確解凍方法為何？

〔海鮮〕
74 魚肉片
76 整條魚
79 鰤魚
80 鰹魚
81 鮪魚
82 鮭魚
84 旗魚
86 鯛魚
88 蝦子
90 章魚
92 烏賊
95 蛤仔
96 花蜆
98 牡蠣
100 干貝

〔魚類加工製品〕
102 鮭魚卵／煙燻鮭魚
103 竹筴魚乾／蒲燒鰻魚
104 鱈魚卵、明太子
105 魩仔魚乾

〔自製冷凍調理包推薦〕
2 基礎冷凍調理包
106 ①鹽＋胡椒
108 雞腿肉
109 香草蒸紅蘿蔔泥與雞肉
110 不規則豬肉片
　　小黃瓜炒豬肉
111 鯖魚
112 箱烤鯖魚
　　②醬油＋酒
113 雞翅
114 雞肉燉蘿蔔
　　菇類炒豬肉
115 豬五花肉片
116 干貝
　　奶油炒干貝甜豆
　　③醬油＋味醂＋砂糖
117 雞腿肉
　　蓮藕炒雞肉

128 Q 雞蛋的正確冷凍方法為何？

126 Q 煮過的大豆的正確冷凍方法為何？
[雞蛋冷凍徹底檢驗]

125 [大豆冷凍徹底檢驗]
⑥ 鹽＋生薑
雞絞肉
肉丸子風味湯

124 豬里肌
高麗菜蒸豬肉
白菜蒸豬肉

123 豬里肌
番茄蒸雞肉

122 雞胸肉
⑤ 鹽麴＋咖哩粉

121 不規則豬肉片
豬排風餐點

120 ④ 番茄醬＋洋蔥泥
雞翅
炸雞翅

119 豬絞肉
炒絞肉

118 不規則牛肉片
牛肉蒸豆腐

─────────

152 凍傷的原因為何？
[冷凍保存專欄 4]

151 牛奶
150 奶油、起司
148 鮮奶油
146 優格
[乳製品]

145 冷凍雞蛋的解凍烹調技巧
[冷凍保存專欄 3]

140 雞蛋
[雞蛋]

139 豆腐餅
138 豆皮
137 豆渣
136 納豆
135 紅豆
134 大豆
132 腰豆
130 鷹嘴豆
[豆類、大豆產品]

─────────

172 紅蘿蔔
170 洋蔥
169 韭菜
168 小松菜
166 菠菜
164 白蘿蔔、蕪菁
162 南瓜
160 白菜
158 高麗菜
[蔬菜]

157 Q 蘆筍的正確冷凍方法為何？
[蔬菜冷凍徹底檢驗①]

156 Q 青花菜的正確冷凍方法為何？
[蔬菜冷凍徹底檢驗②]

154 Q 小黃瓜的正確冷凍方法為何？
[蔬菜冷凍徹底檢驗③]

PART 3
蔬菜
冷凍保存＆解凍技巧

174 牛蒡
176 秋葵
178 玉米
180 茄子
182 番茄、小番茄
184 小黃瓜
185 美生菜
186 青椒、甜椒
188 苦瓜
190 櫛瓜
192 青花菜
194 白花椰
196 毛豆
198 菜豆、荷蘭豆
200 豌豆
202 蠶豆
203 綠蘆筍
204 蓮藕
205 菇類
208 馬鈴薯
210 地瓜
212 山藥

【專欄】香料蔬菜的保存訣竅
214 小芋頭
216 蔥
218 大蒜、生薑
220 紫蘇、茗荷、歐芹

【專欄】綜合蔬菜冷凍技巧
222 番茄醬風味蔬菜泥
223 鹽漬綜合蔬菜

自製冷凍調理包推薦
3 冷凍濃湯原料
224 ①紅蘿蔔濃湯原料
226 ②茄子濃湯原料
228 ③馬鈴薯濃湯原料
230 ④馬鈴薯小松菜濃湯原料
232 ⑤南瓜咖哩濃湯原料

自製冷凍調理包推薦
4 味噌湯冷凍庫存
234 ①高湯
235 ②湯料
236 ③湯料

【專欄】水果冷凍技巧
238 果醬、糖漬
239 冰凍水果

還有很多冷凍保存撇步！
240 白飯、白米、年糕
241 麵包、穀片
242 烏龍麵、蕎麥麵、麵線
243 義大利麵、中式麵條
244 餃子皮、春捲皮
245 麵粉、太白粉
246 堅果、芝麻
247 柴魚片、小魚乾、昆布、海苔
248 海帶芽、海藻、長壽藻
249 香料、香草、調味料
250 茶葉、咖啡
251 大福、羊羹、長崎蛋糕
252 餅乾、仙貝
253 蛋糕、派塔

【專欄】
254 長期保存的冷凍庫整理方式！

本書使用方式

- 本書詳細介紹實用的冷凍保存方法和冷凍料理食譜。(由左至右 上至下)
- 放入冷凍用保鮮袋的份量為 2 人份,或是方便使用的份量。
- 擦掉水分時請使用廚房紙巾。
- 計量單位為 1 大匙 =15ml、1 小匙 =5ml、1 杯 =200ml、1 米杯 =180ml。
- 「少許」是小於 1/6 小匙的量、「適量」表示放入適當的份量、「適宜」則是依據個人口味添加。
- 微波爐的功率基本上以 600W 為準。若為 500W,請將加熱時間延長 1.2 倍。
- 保存期限寫的是食品在一般情況下仍能保持美味的時間。若是超過這段期間,品質很可能會發生劇變,但有些則變化不大。無論如何,都不會有安全性的問題。
- 請使用冷凍專用的保鮮袋與保鮮容器。
- 欲將食物放入保鮮袋進行密封時,請平放並擠出多餘的空氣後再封口。

保存期限
顯示可美味享用的冷凍保存期限。

主要營養與功效
食材的營養與功效簡介。

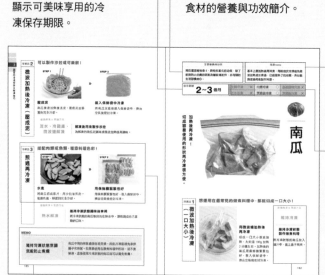

冷凍 memo
冷凍時的注意事項以及維持食材美味的冷凍要點解說。

可用的冷凍方法
以○╳標示冷凍方式。依照第 11 至 14 頁的說明作為打上○╳的標準。然而,即使是本書中未特地介紹的冷凍方式,若能夠使用一樣會打上○。

MEMO
詳細解說食材的特徵、冷凍前與解凍後的建議烹調方式等。

冷凍方法
附上照片用清楚易懂的方式解說裝入保鮮袋前的前置處理、冷凍以及烹調方式。

建議的解凍 & 烹調方式
介紹正確的解凍方法以及解凍後的建議烹調方式。

PART 1

冷凍保存與解凍的基本方法

清楚了解適合該食材的冷凍＆解凍方法，就能夠保持食物的新鮮度、輕輕鬆鬆把美味冷凍起來。若是再加上一些小功夫……！請務必在日常生活中嘗試這些做法。

1 冷凍保存

避免乾燥
+
維持冷凍庫內的溫度

| 用保鮮膜緊緊包好、保鮮袋密封 | 縮短開關冷凍庫的時間 |

為了保持食材的美味，最重要的就是阻絕空氣、讓冷凍庫維持在一定的溫度。請用保鮮膜緊緊包住＆使用保鮮袋密封，並且縮短開關冷凍庫的時間。

為了維持冷凍食物的美味
需謹記的必要條件

　　雖然冷凍有助於食物的長期保存，但是必須使用正確的冷凍方法才行。

　　如果只是隨便把食材放進冷凍庫裡又經常開關冷凍庫，導致冷凍庫內的溫度上升，容易造成結霜或食材凍傷。為了預防這些情況，必須阻絕空氣並確保冷凍庫內維持一定的溫度。

　　另外，最重要的就是要在食材失去新鮮度之前，就採取適當的方法進行冷凍。

10

冷凍法

1

生鮮（直接）冷凍

擦去水分、
用保鮮膜緊緊包住後密封

　要以生鮮狀態冷凍的話，基本上必須先把水分擦乾，然後用保鮮膜緊緊包住後再放入保鮮袋中密封。這樣就能夠隔絕空氣，防止食材變乾。另外也建議將食材切成容易使用的大小再進行保存。例如，像小型竹筴魚這種整條的魚或蛤仔等貝類，可以加水製成冰塊保存再進行冷凍。有一些蔬菜也是可以在新鮮狀態下冷凍，請依不同用途區分。

生鮮冷凍的重點

切成容易烹調的大小後
再冷凍

為了要在解凍後可以馬上使用，先切好會比較方便。切成小塊後用保鮮膜緊緊包好＆放在保鮮袋密封再放進冷凍庫。

擦去水分、
用保鮮膜緊緊包住

先擦掉水分，用保鮮膜緊緊包住裝入保鮮袋密封，再放進冷凍庫。

小番茄去除蒂頭後
生鮮冷凍

洗好之後把水分擦乾、拿掉蒂頭。直接裝入保鮮袋中密封冷凍。

完整的魚、蝦、貝類
加水製成冰塊保存

加入能夠蓋過食材的水量後一起放入冷凍庫中，食物就不會因為接觸到空氣而變質。

川燙冷凍

冷凍前先加熱
維持口感、顏色與營養

蔬菜當中含有酵素，這些酵素會導致蔬菜組織在冷凍保存以及解凍過程中產生變化。「川燙」就是為了防止這些酵素產生作用。所謂川燙是指在將蔬菜冷凍之前，快速地進行「水煮」、「翻炒」、「蒸」等烹調步驟，短時間加熱後再冷凍。這樣一來就能阻止蔬菜酵素產生作用，確實保留蔬菜的口感、顏色和營養。

川燙冷凍的重點

快速翻炒後冷凍

快速翻炒稍微過火後，待冷卻再裝入保鮮袋密封冷凍。

快速水煮後放入冰水再冷凍

快速川燙稍微過火後，再放入冰水中，小心擠出水分後裝入保鮮袋密封冷凍。

根莖類水煮後壓成泥

馬鈴薯或地瓜之類的東西，經水煮後壓成泥再冷凍。這樣一來口感不會產生變化，也能保持美味。

微波爐加熱冷凍

根據使用目的切好之後微波加熱，冷卻後用保鮮膜包好，裝入保鮮袋裡密封冷凍。

基礎調味冷凍

先用調味料等做好基礎調味，防止食材劣化

要冷凍肉類和海鮮的話，建議大家可以先用調味料處理過再進行冷凍，即「基礎調味冷凍」。由於調味料會緊緊鎖住食物細胞內外的水分，讓水分子的顆粒變小，進而減少食物的受損，同時也能防止食材變乾、延緩氧化。而且先做好基礎調味的話，烹調時可以直接進行烤、炒或炸，使烹調過程更加輕鬆。蔬菜亦可先用鹽巴揉搓過以維持口感。

基礎調味冷凍的重點

味噌醃漬是將調味料塗抹在表面作為基礎調味後再進行冷凍

味噌醃漬指的是用橡膠刀將味噌平均塗抹在保鮮袋內的肉類上，直接密封冷凍。

仔細搓揉讓調味料平均分布在肉上

將肉和調味料裝入保鮮袋中，仔細搓揉使調味料能夠均勻沾上肉塊或肉片，盡可能平放後密封冷凍。

蔬菜亦可用鹽巴抓一抓調味

先切成容易食用的大小後，用鹽巴抓一抓，然後仔細擠出水分，再裝入保鮮袋後密封冷凍。

在調味魚肉塊時記得兩面都要處理

由於魚肉塊容易損壞，請先仔細擦乾表面的水分，接著在兩面進行調味，最後用保鮮膜包起來再裝入保鮮袋密封冷凍。

冷凍法 4　烹調後冷凍

烹調完成後再進行冷凍

經過燉、煎烤或油炸製作的菜餚同樣也可以冷凍保存。烹調後，食材中的酵素就會因為經過加熱而失去活性，有助於在保存時讓食物劣化的程度最小化。這裡的重點在於解凍方法。為了要重現原有的口感，請使用最適當的方法進行解凍。

烹調後冷凍的重點

燉煮物冷凍

雞翅等肉類可以滷過後再進行冷凍。連同滷汁一起裝入保鮮袋中密封冷凍。

炒過後冷凍

干貝等海鮮可以先調味後，稍微炒一下就冷凍起來，這樣就能夠長時間保存。

冷凍法 5　烹調前冷凍

進行烤、炸等加熱步驟之前將食材拿去冷凍

用薄肉片包裹水煮蔬菜的肉捲，或先將食材調味後沾上麵包粉等粉類準備油炸，建議在加熱的前一個步驟就拿去冷凍保存。因為之後可以在冷凍狀態下直接烹調，也能夠縮短烹調時間，品嚐到剛烤好或剛炸起鍋的美味。

烹調前冷凍的重點

做成肉捲冷凍

把喜歡的蔬菜調味後，包上肉片烤一下，每一捲分別用保鮮膜包好冷凍。

調味並沾上麵衣後冷凍

豬排等需要油炸的東西如果先調味、沾好麵衣後再進行冷凍會很方便。炸的時候請在冷凍狀態下直接用170℃的油去炸。

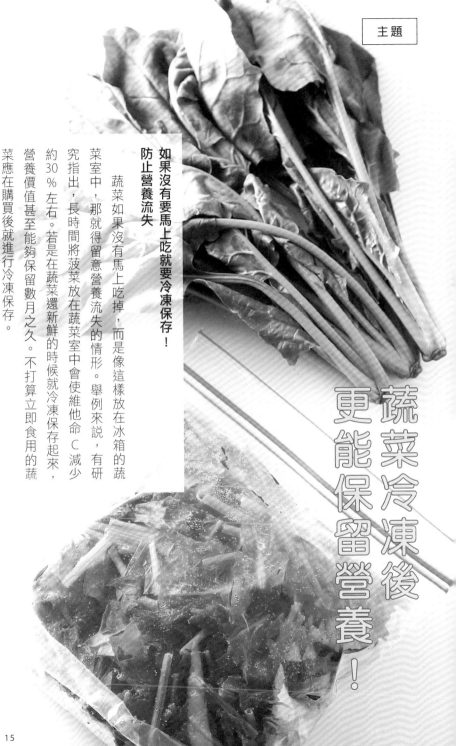

蔬菜冷凍後更能保留營養！

如果沒有要馬上吃就要冷凍保存！
防止營養流失

蔬菜如果沒有馬上吃掉，而是像這樣放在冰箱的蔬菜室中，那就得留意營養流失的情形。舉例來說，有研究指出，長時間將菠菜放在蔬菜室中會使維他命C減少約30％左右。若是在蔬菜還新鮮的時候就冷凍保存起來，營養價值甚至能夠保留數月之久。不打算立即食用的蔬菜應在購買後就進行冷凍保存。

將冷凍的食材
以最美味的方式解凍

縮短危險
溫度帶

攝氏零下 5 度到零下 1 度之間的「最大結冰生成帶」，是食物細胞最容易受到冰晶破壞的溫度帶。另外，攝氏 10 到 40 度的「常溫帶」則是酵素反應變得活躍、食材容易劣化的溫度帶。這兩個溫度帶被稱為「危險溫度帶」。食物解凍後依然保持美味的訣竅，就是在解凍時盡可能縮短食材通過這兩個溫度帶的時間。

依據食用方式的解凍方法

解凍與加熱同時進行	準備製成湯品或燉菜的食材	生吃的魚、水果	加熱烹調的肉類、魚類

熱水解凍、微波爐解凍	維持冷凍狀態	冰水解凍	流水解凍、冷藏庫解凍

最好根據解凍後的食用方式來決定解凍方法

即使用了正確的冷凍方式保存食材，若是在解凍時搞錯了方法，口感就會受到影響。重點取決於要如何食用該食材，配合它的烹調方式去進行解凍。另外，若想要迅速解凍，可使用「冰水解凍」或「流水解凍」；若是時間較為充裕，則可選擇「冷藏庫解凍」；想立刻烹調的話就「維持冷凍狀態」，依照您的需求來選擇解凍方法。

解凍法 4 冷藏庫解凍

將冷凍食材從冷凍庫取出後，放進冷藏庫裡解凍。

冷藏庫解凍的重點

將解凍時間納入考量

由於在冷藏庫中解凍很花時間，因此應提前想好何時食用並先拿去解凍。放在蔬菜室解凍會因為溫度高而加速食材變質或劣化，是 NG 的作法。

解凍法 5 熱水解凍

不解凍，直接將冷凍狀態下的食材放入沸騰的熱水中進行解凍。如果是已經烹調過的冷凍配菜，直接放入熱水中同時解凍和加熱即可。

熱水解凍的重點

已經川燙過的蔬菜就放入熱水中

川燙過的蔬菜連同保鮮袋一起放入熱水中解凍。已經烹調過的冷凍配菜等亦可放入熱水中同時解凍和加熱。

解凍法 6 微波爐解凍

不解凍，將冷凍狀態下的食材放在耐熱器皿中，輕輕包上保鮮膜後微波加熱。

微波爐解凍的重點

餐點組合就用微波爐解凍

已配好食材和調味料後裝入保鮮袋的冷凍餐點組合，或是已烹調並冷凍起來的食物，可以放在耐熱器皿中輕輕包上保鮮膜，再用微波爐加熱。

解凍法 1 維持冷凍狀態

不需要解凍，食材以冷凍狀態直接進行燉煮、煮湯和炒菜。

維持冷凍的重點

直接放入煮滾的鍋中

如果要做燉煮料理，那就將維持冷凍狀態的食材直接放入沸騰的滷汁當中。牛排等肉類或海鮮則是在冷凍狀態下直接放在平底鍋上蒸煎。

解凍法 2 冰水解凍

將冰塊或保冷劑放入裝了水的大碗中，然後將冷凍食材連同保鮮袋直接放進去解凍。

冰水解凍的重點

浸泡在放了冰塊或保冷劑的水中

冰塊的量約略一個手掌多一些，有保冷劑的話更好。如果是加水製成冰塊保存的食材，就從保鮮容器中取出放在水裡解凍。

解凍法 3 流水解凍

經加熱烹調後才進行冷凍的食材，建議使用流水解凍：開著水龍頭讓水從上方流過進行解凍。

流水解凍的重點

選擇在解凍過程中劣化情形較少的食材

像醬汁等經過加熱烹調過的東西在解凍過程中不太會劣化，因此適合使用流水解凍。由於流水的溫度較高，請避免用此法解凍生魚片。

何謂冷凍餐點組合？

將食材和調味料混合進行烹調，裝入保鮮袋後冷凍的餐點。可以做好 4 人份一起保存，只要冷凍起來，之後解凍就能更容易做出所需份量的餐點。

義大利麵、烏龍麵、炒麵都能整份冷凍起來！

肉類、魚類、蔬菜混合的配菜也冷凍起來！

要吃的時候再以**冷凍狀態直接微波加熱**或**用鍋子加熱**即可！

1 冷凍餐點組合

遠距工作或顧家時
餐點組合是很方便的選擇

如今，隨著遠距工作人數增加，在家吃午餐的情況也更普遍了。因此，最方便的選擇就是冷凍餐點組合。把肉類、魚類或蔬菜切好，加入調味料後揉一揉、裝入保鮮袋中密封冷凍保存，之後只要在冷凍狀態下加熱即可！義大利麵和烏龍麵等麵類也一樣先做好前置處理後冷凍，忙碌的時候也能夠馬上享用美味，這也很適合作為孩子看家時的餐點。

肉類、海鮮先調味過加入蔬菜和調味料

製作冷凍餐點組合的重點在於一開始先為肉類或海鮮調味。如此一來，不僅食材更加入味、肉類和海鮮嘗起來也會更加美味。將肉類或海鮮放入保鮮袋中，然後放入切好的蔬菜，最後只要加入調味料便大功告成。本書介紹的食譜都是以一人份放入一個袋子裡密封冷凍，只要事先做好放著，想吃的時候馬上就能享受美味，非常方便。

冷凍餐點組合　基本製作方法（配菜篇）

備好調味料，平均裝入步驟 **3** 的袋中。

在壓平食材的同時擠出空氣，密封後冷凍起來。

MEMO　主菜類的重點

將煮熟的義大利麵與橄欖油拌勻後再冷凍，可以防止麵條變乾。關鍵在於冷凍時將食物分成 4 等份之類的小份量分裝。

將雞肉切成一口大小，撒上鹽和芝麻油。

充分搓揉雞肉，使其充分吸收入味。將喜歡的蔬菜切成容易入口的大小。

將步驟 **2** 的東西分裝到保鮮袋中。

解凍的時候要怎麼做？

義大利麵用保鮮膜輕輕包住

從保鮮袋取出食物後放在耐熱器皿上，用保鮮膜輕輕包住後微波加熱。

配菜淋上酒

從保鮮袋中取出食物放在耐熱器皿上，淋上酒後，用保鮮膜輕輕包住，然後微波加熱。

將義大利麵過一下冷水，
可避免麵條沾黏！

蛤蜊義大利麵

保存期限
冷凍 **2** 星期

食材（4 人份）

義大利麵	320g
橄欖油	2 大匙
蛤仔（吐沙後）	300g
大蒜	2 瓣
平葉芫荽	10g
奶油	20g
紅辣椒（小段）	2 撮
胡椒	適量

製作方法

1 在鍋中煮沸 2 公升的水，加入鹽巴（1 又 1/2 大匙／不計入食譜標示之份量）。將義大利麵放進去煮，煮的時間比包裝上標示的短 3 分鐘。

2 取 1 杯步驟 **1** 鍋中的水，撈起義大利麵瀝乾後過冷水冷卻，再與橄欖油拌勻。

3 充分清洗蛤仔，大蒜切片，平葉芫荽切成粗末。

4 將步驟 **2**、**3** 的食材與奶油、紅辣椒、胡椒和煮義大利麵的水都分成 4 等份裝入保鮮袋中，擠出空氣後密封冷凍。

鮮味保存跟大蒜香氣的絕妙結合！

直接烹調

冷凍狀態微波加熱

食材與製作方法（1人份）

維持冷凍狀態（1袋），將食物
從保鮮袋中取出，放在耐熱器皿
上。輕輕包上保鮮膜後微波加熱
3分鐘。取出後將整體拌勻，再
包上保鮮膜重新加熱3分鐘。

重點 memo

解凍時建議先加熱過一次，
然後把所有食材攪拌均勻後
再重新加熱。這樣一來，食
材能夠均勻受熱、味道也比
較平均，嚐起來會更加美味。

冷凍的訣竅在於
縮短煮義大利麵的時間！

鯖魚罐頭義大利麵

保存期限
冷凍 **2** 星期

食材（4人份）

義大利麵	360g
橄欖油	1大匙
洋蔥	1/2個
青椒	3個
番茄	1個（150g）
水煮鯖魚罐頭	1罐（190g）
番茄醬	8大匙
中濃口味日式醬料	4小匙
胡椒	少許

製作方法

1 鍋中煮沸2公升水，加入鹽巴（1又1/2大匙／不計入食譜標示之份量）。將義大利麵放進去煮，煮的時間比包裝上標示的短3分鐘。撈起義大利麵瀝乾後過冷水冷卻，再將麵條與橄欖油拌勻。

2 將洋蔥切薄片，青椒切細絲，番茄切成1cm大小。

3 將水煮鯖魚罐頭的魚肉稍微打散。

4 將步驟1、2、3（連同罐頭裡的醬汁）的食材、番茄醬、中濃口味日式醬料、胡椒都分成4等份裝入保鮮袋中，擠出空氣後密封冷凍。

22

搭配番茄口味相當清爽

直接烹調

冷凍狀態微波加熱

食材與製作方法（1人份）

維持冷凍狀態（1袋），將食物從保鮮袋中取出，放在耐熱器皿上。輕輕包上保鮮膜後微波加熱3分鐘。取出將整體拌勻，再包上保鮮膜重新加熱3分鐘。

重點 memo

避免將鯖魚肉打得太碎，這樣才能保留風味，吃起來也比較有口感。另外加入一些起司粉也是非常棒的選擇◎。

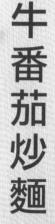

充分滲透的芝麻油
能防止麵條沾黏 & 變乾！

保存期限
冷凍 **2** 星期

食材（4 人份）

炒麵用蒸煮麵	4 球
不規則牛肉片	250g
番茄	2 顆（300g）
長蔥	1 根
芝麻油	4 小匙
A 蠔油	3 大匙
醬油	1 大匙
砂糖	1/2 大匙
鹽	1/4 小匙
胡椒	少許

製作方法

1 將炒麵用蒸煮麵連同袋子放入微波爐中加熱 1 分鐘左右。一個保鮮袋放 1 球麵，加入芝麻油並且將麵搓揉開來讓芝麻油滲透到麵條中。

2 牛肉撒上少許鹽和胡椒（皆不計入食譜標示之份量）。番茄切成 1 公分大小，長蔥縱切成一半後斜切成薄片。

3 將步驟 **2** 的材料分成 4 等份裝進步驟 **1** 的保鮮袋當中，把材料 **A** 混合好之後也分成 4 等份裝進保鮮袋裡。

4 擠出空氣後密封冷凍。

牛番茄炒麵

充分吸取醬油風味的牛肉更加美味了！

直接烹調
冷凍狀態微波加熱

食材與製作方法（1人份）

維持冷凍狀態（1袋），將食物從保鮮袋中取出，放在耐熱器皿上。輕輕包上保鮮膜後微波加熱5分鐘。取出後將整體攪拌過後，再包上保鮮膜重新加熱2分鐘。

重點 memo

將芝麻油搓揉進麵條當中，除了防止麵條變乾外，也會讓芝麻油的香氣均勻散發、提升美味度，強烈推薦！

只需要把食材
和煮過的烏龍麵拌在一起！

冷凍餐點組合

④

炒烏龍

保存期限
冷凍 2 星期

食材（4人份）

水煮烏龍麵...............4球
豬肉薄片...............200g
韭菜...............1把（100g）
鴻喜菇...............100g
A 醬油...............5大匙
　酒...............2大匙
　砂糖...............1大匙
　芝麻油...............1大匙

製作方法

1 將豬肉切成3公分寬，撒上鹽、胡椒（各少許／不計入食譜標示之份量）。韭菜切成3cm長，撕開鴻喜菇。將材料 **A** 全部混合在一起。

2 每個保鮮袋各放入1球水煮烏龍麵，將步驟 **1** 的材料分成4等份裝入保鮮袋中，擠出空氣後密封冷凍。

香氣撲鼻的芝麻油與美味的醬油！

直接烹調

冷凍狀態微波加熱

食材與製作方法（1人份）

維持冷凍狀態（1袋），將食物從保鮮袋中取出，放在耐熱器皿上。輕輕包上保鮮膜後微波加熱5分鐘。取出將整體攪拌過後，再包上保鮮膜重新加熱2分鐘。用容器盛裝並撒上柴魚片（適量）。

重點 memo

解凍後將整體攪拌均勻，調味料就會平均附著在烏龍麵上。最後，撒上柴魚片也是個畫龍點睛的方法。

要充分擦掉
鮭魚上的水分！

鮭魚什錦蔬菜

保存期限
冷凍 **2~3** 星期

食材（4 人份）

鮭魚（片）	4 片
櫛瓜	1 條
小番茄	20 顆
杏鮑菇	1 包
洋蔥	1/2 個
橄欖油	1 大匙
鹽	1 小匙
胡椒	少許

製作方法

1 鮭魚切成容易入口的大小，撒上鹽巴後靜置約 10 分鐘。仔細擦去表面上的水分之後，抹上胡椒和橄欖油。

2 櫛瓜切成 1cm 寬的圓片，小番茄去掉蒂頭，杏鮑菇和洋蔥切成薄片。

3 將步驟 **1**、**2** 的材料都分成 4 等份裝入保鮮袋中，擠出空氣後密封冷凍。

鬆軟美味的鮭魚與番茄超對味◎

冷凍狀態微波加熱

白酒蒸鮭魚
什錦蔬菜

食材與製作方法（1人份）

維持冷凍狀態（1袋），將食物從保鮮袋中取出，放在耐熱器皿上。淋上白酒（1大匙）後輕輕包上保鮮膜微波加熱5分鐘。取出來快速攪拌一下，再包上保鮮膜重新加熱2分鐘。

添加番茄汁口感更清爽！

稍作變化就是新菜色

用鍋子加熱

茄汁鮭魚

食材與製作方法（1人份）

維持冷凍狀態（1袋），將食物從保鮮袋中取出，放入鍋中，加入番茄汁（加鹽款／1杯）。蓋上鍋蓋後以中火加熱約6分鐘，亦可淋在飯上（150g）做成燉飯風格的菜色。

6

味噌雞肉佐根莖類蔬菜

＼ 淋上芝麻油的雞肉
能保持濕潤又柔軟 ／

保存期限
冷凍 **2~3** 星期

食材（4 人份）

雞腿肉	2 片
蓮藕	100g
蘿蔔	100g
紅蘿蔔	50g
牛蒡	50g
長蔥	1/2 支
鹽	1/2 小匙
芝麻油	2 小匙
A 味噌	4 大匙
味醂	4 大匙
奶油	20g

製作方法

1 將雞肉切成容易入口的大小，撒上鹽巴、芝麻油。
2 將蓮藕、蘿蔔、紅蘿蔔切成 1cm 寬的三角塊狀；牛蒡、長蔥斜切為 1cm 寬片狀。
3 將步驟**1**、**2**的材料分成 4 等份裝入保鮮袋中。
4 將食材**A**全部放入耐熱碗中微波加熱 1 分鐘，分成 4 等份加入步驟 **3** 的保鮮袋中。
5 擠出空氣後密封冷凍。

味噌的風味會滲透到食材當中，味道相當濃郁

直接烹調
冷凍狀態微波加熱

微波爐蒸雞肉佐根莖蔬菜

食材與製作方法（1人份）

維持冷凍狀態（1袋），將食物從保鮮袋中取出放在耐熱盤上，淋上酒（1大匙）之後輕輕包上保鮮膜，微波加熱5分鐘，取出拌勻後再包上保鮮膜重新加熱3分鐘。

味噌和豆漿非常對味！

稍作變化就是新菜色
用鍋子加熱

豆漿燉根莖蔬菜與雞肉

食材與製作方法（1人份）

維持冷凍狀態（1袋），將食物從保鮮袋中取出，放入鍋中、添加無調整豆漿（1杯），蓋上鍋蓋以中火加熱5分鐘左右。最後，使用篩網或濾茶網等工具篩過麵粉（2小匙），增加湯汁的濃稠感。

豬肉番茄高麗菜

只要先把豬肉調味好
就能直接拿來使用！

保存期限
冷凍 **2~3** 星期

食材（4人份）

不規則豬肉片	300g
小番茄	20個
高麗菜	200g
青椒	2個
鹽	1又1/2小匙
胡椒	少許
芝麻油	2大匙

製作方法

1 將小番茄的蒂頭摘掉，高麗菜大致切成 2cm
   塊狀。青椒切滾刀塊。

2 豬肉撒上鹽、胡椒、芝麻油。

3 將步驟**1**、**2**的材料分成4等份裝入保鮮袋中，
   擠出空氣後密封冷凍。

32

直接烹調
冷凍狀態微波加熱

微波爐蒸豬肉佐番茄與高麗菜

食材與製作方法（1人份）

維持冷凍狀態（1袋），將食物從保鮮袋中取出，放在耐熱盤上。淋上酒（1大匙）之後輕輕包上保鮮膜，微波加熱5分鐘。取出拌勻後再包上保鮮膜重新加熱1分鐘。

小番茄非常清爽！一道用微波爐就能輕鬆完成的菜餚。

麵線和豬肉的美味相融，味道極佳！

稍作變化就是新菜色
用鍋子加熱

豬肉高麗菜番茄熱麵線

食材與製作方法（1人份）

將解凍完成的食材（1袋）放入平底鍋中，加水進去（50ml）後蓋上鍋蓋，以中火蒸煮約3分鐘。煮好麵線（1又1/2把）並瀝乾後加入平底鍋，將整體拌勻。

咖哩蝦蔬菜

\ 蝦子淋上沙拉油， /
就能鎖住美味

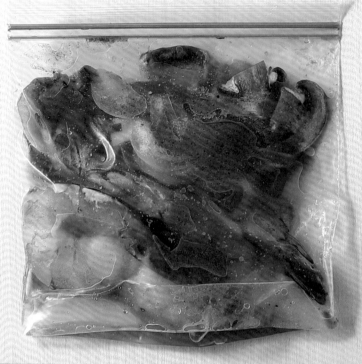

保存期限
冷凍 **2~3** 星期

食材（4人份）

蝦子（草蝦等）已剝殼	400g
洋蔥	1個
紅甜椒	1個
蘑菇	1包
咖哩粉	2小匙
魚露	4小匙
鹽	1/2小匙
胡椒	少許
沙拉油	1大匙

製作方法

1 蝦子剝殼去背砂後，撒上鹽、胡椒、沙拉油。
2 洋蔥、甜椒、蘑菇切成薄片。
3 將步驟 **1**、**2** 的材料和咖哩粉、魚露都分成 4 等份裝入保鮮袋中。
4 擠出空氣後密封冷凍。

彈牙的蝦子和咖哩超級對味！

冷凍狀態微波加熱

微波爐蒸蝦與蔬菜

食材與製作方法（1人份）

維持冷凍狀態（1袋），將
食物從保鮮袋中取出，放入
耐熱碗中。淋上酒（1大匙）
之後輕輕包上保鮮膜，微波
加熱5分鐘取出後拌勻。

椰子和咖哩皆可促進食慾

用鍋子加熱

綠咖哩風味
蝦佐蔬菜

食材與製作方法（1人份）

維持冷凍狀態（1袋），將
食物從保鮮袋中取出，放入
鍋中，加入椰奶（150ml）
後蓋上鍋蓋，以中火加熱約
5分鐘。按照個人喜好搭配
烤餅或茉莉香米（適量）裝
盤上菜。

冷凍前後有什麼不一樣？

看看細胞就會發現變化！

肉類和海鮮等動物性食品，以及蔬菜或水果等植物性食品，在冷凍前後產生的變化是不同的。舉例來說，動物性食品中的肉類，其細胞內含豐富的肌肉纖維。因此，即使冷凍後細胞內外有冰塊結晶，這些結晶在解凍後會轉變成水被肌肉纖維吸收，反而有助於纖維恢復彈性。另一方面，植物性食品類的蔬菜水果，細胞內部主要成分為水分，如果形成冰塊結晶，就會導致細胞膜受損，正如同氣球破掉一樣，因此解凍後水分就會流失。冷凍過程的重點就在於盡可能減少這些損傷。

肉、海鮮、豆子、大豆產品、蛋、乳製品

冷凍保存 & 解凍技巧

大家都希望家中能夠常備肉類、海鮮、豆類和乳製品，但又不知道正確的冷凍方法……。針對這樣的情況，我們將介紹能讓食物更美味、烹飪方式也簡單到令人驚訝的「冷凍技巧」。

Q 煎雞胸肉的正確方法為何？

B 先煎過再冷凍

》微波加熱

冷凍 & 解凍方法
用平底鍋煎過後，裝入保鮮袋中密封冷凍，包上保鮮膜後維持冷凍狀態放進微波爐加熱。

600W　加熱 5 分鐘

又硬又乾！

NG! ✕

雖然馬上就能享用，但是肉的口感會變得又硬又乾的。

A 生鮮冷凍

》維持冷凍狀態直接加熱

冷凍 & 解凍方法
新鮮狀態下直接放入保鮮袋中密封冷凍。使用平底鍋並蓋上蓋子，在冷凍狀態下直接蒸煎。

加熱 20 分鐘

濕潤又多汁！

OK! ○

形成濕潤又多汁的狀態。

想吃煎肉的話就要生鮮冷凍

生鮮冷凍的雞胸肉就用平底鍋蓋上蓋子蒸煎。

雖然要連肉的中心都煎熟需要花一點時間，但是成品會相當濕潤。如果把煎過的雞胸肉拿去冷凍，這時由於肉已經熟了，因此只需要微波加熱 5 分鐘就能解凍，相當省時，但是水分會流失，使肉變得又硬又乾。因此，如果打算煎過再冷凍的話，只要稍微煎過個火即可。

38

Q 基礎調味過的冷凍肉
正確烹調方法為何？

B 先解凍再加熱

冷凍 & 解凍方法

與 A 在同樣條件下冷凍。使用冷藏庫或流水解凍，放在平底鍋上煎到全熟為止。

肉質軟嫩有口感！

O OK!

這麼做的話肉很容易就熟了，成品軟嫩且保留原有口感。

A 維持冷凍狀態直接加熱

冷凍 & 解凍方法

用醬油、砂糖、味醂事先調味後放入保鮮袋冷凍。在冷凍狀態下放入平底鍋中，稍微加點水進行加熱。

表面會焦掉！

X NG!

要把中心都煮熟需要花費一些時間，而且表面也會焦掉。

已經調味過的冷凍肉要先解凍再加熱

調味過的冷凍食材若直接烹調，即刻就能享用美味，非常方便；然而相對地，這類食物在烹調過程中需要一些小技巧。尤其是用了醬油、味醂和砂糖等調味料，冷凍後如果直接放到鍋子上煎，食物熟透之前表面就會先焦掉了，甚至導致外焦內生的情況。遇到這種情況，正確作法是用冷藏庫或流水解凍後再拿去煎。如此一來，食材不易焦掉的同時烹調時間也會縮短，並保有肉類的軟嫩與口感。

Q 炸豬排的正確製作方法為何？

B 沾上麵衣後冷凍

» 維持冷凍狀態下鍋油炸

冷凍 & 解凍方法

將用鹽、胡椒調過味的豬肉沾好麵衣後放入保鮮袋中密封冷凍。冷凍過的豬肉直接下鍋油炸。

↓

加熱到麵衣呈現金黃色

↓

炸得相當漂亮！

OK! ○

肉已經熟了，而且炸得漂亮又美味。

A 冷凍狀態下沾麵衣

» 維持冷凍狀態下鍋油炸

冷凍 & 解凍方法

將用鹽、胡椒調味過的豬肉放入保鮮袋中密封冷凍。冷凍過的豬肉直接沾麵衣下鍋油炸。

↓

加熱到麵衣呈現金黃色

↓

肉根本沒有熟！

NG! ✕

就算花了很多時間油炸，肉也無法熟透。

如果要做炸豬排 那就沾上麵衣後再冷凍

將冷凍後的豬排用豬肉沾上麵衣再油炸，以及沾好麵衣後冷凍的豬肉下鍋油炸，哪一種比較好吃呢？同樣是用170℃的熱油炸，若想炸得漂亮又蓬鬆，那就要先沾好麵衣再拿去冷凍。如果豬肉先冷凍後才拿去沾麵衣下鍋油炸，那麼麵衣就會先變成金黃色，會造成豬排外熟內生。這種情況下，就得用少量的油多花點時間慢慢炸。

40

Q

豬排的正確油炸方法為何？

B
用 170℃的油去炸

冷凍 & 解凍方法
將豬肉沾上麵衣後，裝入保鮮袋密封冷凍。之後放進 170℃的熱油內進行油炸。

∨∨∨
加熱到麵衣呈現金黃色
∨∨∨

外部酥脆、裡面多汁！

OK!

外部麵衣口感酥脆，裡面的肉則相當多汁。

A
從冷油開始炸起

冷凍 & 解凍方法
將豬肉沾上麵衣後，裝入保鮮袋密封冷凍。之後放進冷油內進行油炸。

∨∨∨
加熱到麵衣呈現金黃色
∨∨∨

肉都縮起來了還變硬！

外部口感酥脆，但是由於溫度上升過快，導致裡面的肉收縮變硬。

使用170℃的熱油炸出來的肉才能多汁美味！

沾上麵衣後冷凍的豬排若要在冷凍狀態下直接油炸，那麼油的溫度應該要幾度呢？畢竟是冷凍狀態下油炸，因此有人會認為用冷油慢慢油炸可能比較好，但這個答案是錯的。這樣做的話，需要花更多時間才能讓油的溫度上升，水分也會因此流失，肉就會收縮變硬。如果要在冷凍狀態下直接油炸，正確做法是使用170℃的熱油。

主要營養與功效	冷凍 memo
雞腿肉的蛋白質含量高，脂質也稍高。有無雞皮會影響脂質含量。另外也含有維他命 A、B 群、鐵等維他命和礦物質。	雞腿肉的水分偏多，因此要仔細擦乾，用保鮮膜包緊後冷凍保存。切肉方式和調味則依用途而異。

保存期限 **3～4** 星期	生鮮冷凍 ○	川燙冷凍 ×	基礎調味冷凍 ○
	加水冰凍 ×	烹調後冷凍 ○	烹調前冷凍 ○

雞腿肉

適合冷凍又能夠久放的食材
建議根據用途選擇適當的保存方式◎。

冷凍法 **1**

基礎調味冷凍（整片）

醬油和生薑使雞肉入味又多汁！

STEP 1

添加調味料

將一片雞肉擦乾水分後灑上鹽巴放入保鮮袋中，加入醬油、味醂各1大匙以及2小匙薑汁。

STEP 2

搓揉後冷凍

為了讓調味料能夠入味，整體搓揉一下，擠出空氣後密封冷凍。

建議解凍 & 烹調方法

流水、冷藏庫解凍

可以整個裹成蔬菜捲，亦可切塊後拿去油炸！

可以處理成均一厚度後包裹水煮蔬菜做成蔬菜捲，亦可切成一口大小，沾上麵衣後下鍋油炸。

冷凍法 2　生鮮冷凍（整片）

先將厚度處理到均一再冷凍會比較方便！

建議解凍 & 烹調方法

STEP 1

擦乾水分

每片雞肉分別擦乾水分，用菜刀劃開讓肉的厚度平均。

STEP 2

保鮮膜緊緊包住

用保鮮膜緊緊包住，放入保鮮袋中擠出空氣，密封冷凍。

維持冷凍

整塊做成蒸煎雞腿排

在冷凍狀態下灑上鹽巴、胡椒，雞皮朝下進行蒸煎。蓋上鍋蓋以中火兩面各蒸煎 5 分鐘。

冷凍法 3　生鮮冷凍（一口大小）

可以用炒的或做成燉煮料理！

建議解凍 & 烹調方法

STEP 1

切成一口大小

將 2 片雞肉仔細擦乾水分後，切成一口大小，每 200 公克裝成一包。

STEP 2

保鮮膜緊緊包住

用保鮮膜緊緊包住，放入保鮮袋中擠出空氣，密封冷凍。

維持冷凍

跟蔬菜一起拌炒

冷凍狀態下灑上鹽巴、胡椒，蓋上鍋蓋蒸煎到稍微上色後，與其他蔬菜拌炒。

冷凍法 4　將雞肉蒸過後再冷凍

解凍後可以直接使用，非常推薦！

建議解凍 & 烹調方法

STEP 1

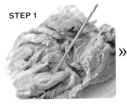

蒸雞肉做法

將一片雞肉仔細擦乾水分後，灑上鹽巴拿去蒸，待確實冷卻後再切開。

STEP 2

保鮮膜緊緊包住

用保鮮膜緊緊包住，放入保鮮袋中擠出空氣，密封冷凍。

流水、冷藏庫解凍

解凍後直接做成沙拉或涼拌菜餚

解凍後仔細擦乾雞肉上的水分，切成適當的大小，搭配喜愛的蔬菜和調味料。

主要營養與功效	冷凍 memo
低脂肪、低醣、高蛋白，因此非常推薦給減肥或鍛錬肌肉的人，維他命 A 含量相當豐富，消化容易。	雞肉相較於其他肉類含水量較高，因此非常容易受損。必須仔細擦乾水分後再進行保存，先調味的話能夠提高保存性。

保存期限 **3～4** 星期	生鮮冷凍 ◯	川燙冷凍 ✕	基礎調味冷凍 ◯
	加水冰凍 ✕	烹調後冷凍 ◯	烹調前冷凍 ◯

雞胸肉

可以做成炸雞排，或斜切成絲之後用炒的。

冷凍法 **1**

基礎調味冷凍（一口大小）

香氣清爽的香草非常對味！

STEP 1

切好肉片放入保鮮袋

將一片雞肉擦乾水分後切成一口大小，灑上 1/2 小匙鹽巴、少許胡椒，裝入保鮮袋中。

STEP 2

搓揉後冷凍

加入 1/2 大匙的香草（剁碎）、1 大匙橄欖油進行搓揉，擠出空氣後密封冷凍。

建議解凍 & 烹調方法

維持冷凍、流水或冷藏庫解凍

做成番茄燉肉或雞肉沙拉！

冷凍狀態下和番茄以及櫛瓜一起燉煮，或是解凍後再烹煮，亦可和蔬菜一起做成沙拉。

冷凍法 2　生鮮冷凍（整片）

擦掉會造成發臭的水分再冷凍！

STEP 1

STEP 2

擦去多餘水分

將每片雞肉表面上的水分仔細擦乾，去除會造成發臭的原因。

保鮮膜緊緊包住

用保鮮膜緊緊包住，放入保鮮袋中擠出空氣，密封冷凍。

建議解凍 & 烹調方法

冰水、冷藏庫解凍

快速油炸做成雞排！

解凍的雞肉調味後沾上麵衣，以 170℃ 油炸。

冷凍法 3　生鮮冷凍（斜切成片）

以切斷纖維的方式斜切，肉會變得更加柔軟！

STEP 1

STEP 2

斜切成片

將一片雞肉表面上的水分仔細擦乾，斜切成片，每 100 公克裝成一包。

保鮮膜緊緊包住

用保鮮膜緊緊包住，放入保鮮袋中擠出空氣，密封冷凍。

建議解凍 & 烹調方法

維持冷凍

蒸煎後和蔬菜拌炒！

冷凍狀態下灑上鹽巴、胡椒，蓋上鍋蓋蒸煎到稍微上色後，和其他蔬菜拌炒。

冷凍法 4　做成印度烤雞再冷凍

辛辣美味！也適合作為便當的配菜◎

STEP 1

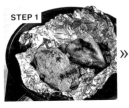

STEP 2

做成印度烤雞

將雞肉表面上的水分仔細擦乾，切成兩半做成印度烤雞後待確實冷卻。

保鮮膜緊緊包住

用保鮮膜緊緊包住，放入保鮮袋中擠出空氣，密封冷凍。

建議解凍 & 烹調方法

流水、冷藏庫解凍

解凍後加熱享用

解凍後將印度烤雞微波加熱。

主要營養與功效	冷凍 memo
和雞胸肉一樣，低脂、低醣且高蛋白。富含能夠維持皮膚與黏膜健康的維他命 B_6。	為了在解凍後容易使用，要先把筋剔掉再冷凍保存。包緊保鮮膜加上保鮮袋，讓肉在冷凍時不會接觸到空氣。

保存期限 **3~4**星期	生鮮冷凍	○	川燙冷凍	×	基礎調味冷凍	○
	加水冰凍	×	烹調後冷凍	○	烹調前冷凍	○

雞里肌肉

把筋剔掉後再冷凍。

可蒸可炸，使用方便！

沾上麵衣後冷凍

肉質軟嫩所以建議做成炸的料理！

去筋

將雞肉上的水分仔細擦乾，去除白色的筋後以鹽巴和胡椒做基礎調味。

》

沾上麵衣後冷凍

沾上油炸用的麵衣，用保鮮膜緊緊包好，裝入保鮮袋中擠出空氣，密封冷凍。

建議解凍 & 烹調方法

維持冷凍

冷凍狀態下拿去油炸做成雞柳條

冷凍狀態下將沾過麵衣的雞里肌肉以170℃油炸，大約 5 分鐘左右連中心都會熟透。

冷凍法 **2**

生鮮冷凍

可以用來拌炒等，用途廣泛！

STEP 1

》

STEP 2

去筋

將雞肉上的水分仔細擦乾，用菜刀或叉子將白色的筋剔除。

保鮮膜緊緊包住

用保鮮膜緊緊包住，放入保鮮袋中擠出空氣，密封冷凍。

建議解凍＆烹調方法

冰水、冷藏庫解凍

和蔬菜一起做成炒菜料理

雞肉解凍後灑上鹽巴、胡椒，蓋上鍋蓋蒸煎到表面呈金黃色，然後與蔬菜拌炒。

冷凍法 **3**

蒸熟後冷凍

解凍後馬上就能享用！

STEP 1

》

STEP 2

用手撕開

雞肉灑上鹽巴和酒後拿去蒸，冷卻後去筋並撕開，分成小塊。

保鮮膜緊緊包住

用保鮮膜緊緊包住，放入保鮮袋中擠出空氣，密封冷凍。

建議解凍＆烹調方法

流水、冷藏庫解凍

解凍後做成涼拌菜或添加在沙拉上

仔細擦乾解凍後的蒸雞肉上的水分，切成適當大小，和喜歡的蔬菜與調味料等拌在一起。

MEMO

將健康的食材冷凍起來儲存

這是雞肉中脂肪最少的部分，多汁且軟嫩、口味也相當清淡，是消化容易且屬於高蛋白的健康食材。冷凍保存起來，隨時能用在沙拉或涼拌菜上，相當方便。

主要營養與功效	冷凍 memo
雞肉當中含有最多脂肪處，低醣、高蛋白、有豐富的膠原蛋白，因此對皮膚也很好，可以和富含維他命 C 的食材搭配◎。	帶骨的情況下先劃開再冷凍，烹調的時候就比較容易入味。用保鮮膜包緊保存。

保存期限 **3~4** 星期	生鮮冷凍 ○	川燙冷凍 ✕	基礎調味冷凍 ○
	加水冰凍 ✕	烹調後冷凍 ○	烹調前冷凍 ○

雞翅

先劃開來再冷凍。
學會帶骨肉的冷凍技巧。

冷凍法 1

生鮮冷凍的雞翅

先劃開來，調味就能入味！

劃開來再冷凍

仔細擦乾水分，從粗細兩邊骨骼中間劃開。用保鮮膜緊緊包好，裝入保鮮袋中，擠出空氣後密封冷凍。

建議解凍 & 烹調方法

維持冷凍

冷凍狀態下做成熬煮滷菜

在冷凍狀態下將雞肉放進滷汁裡，調味會從切開處入味，做成滷菜。

冷凍法 **2**

香煎雞翅冷凍

先進行基礎調味，煎好後再拿去冷凍很方便！

»

煎好雞翅

仔細擦乾雞肉水分，劃開靠近身體的那段，灑上鹽巴、胡椒用沙拉油煎好後待其冷卻。

保鮮膜緊緊包住

用保鮮膜緊緊包住，放入保鮮袋中擠出空氣，密封冷凍。

建議解凍＆烹調方法

流水、冷藏庫解凍 | **解凍後加熱享用**
將解凍的雞肉微波加熱即可。

冷凍法 **3**

再冷凍 做成柚子醋口味的雞翅後

柚子醋口味極為清爽！解凍後馬上就能享用

STEP 1

STEP 2

»

做成柚子醋滷菜

仔細擦乾雞肉水分，將雞翅稍微油炸過再用柚子醋滷，然後待其冷卻。

連同滷汁一起裝入保鮮袋

將雞肉連同滷汁一起裝入保鮮袋中，擠出空氣後密封冷凍。

建議解凍＆烹調方法

維持冷凍、流水解凍 | **加熱後享用**
冷凍狀態下連同滷汁一起熬煮，或將解凍後的雞肉微波加熱。

MEMO

冷凍封存美味 | 帶骨肉由於脂肪較多、味道豐富，因此建議先調味再冷凍。透過冷凍的步驟能夠封存肉中的美味，因此在熬煮料理、湯品或炸雞等方面的表面都相當不錯。

主要營養與功效		冷凍 memo	
富含維他命 B_1、低醣的食材，五花肉雖然脂肪較多，但是相當美味。里肌肉和腿肉的脂肪則比五花肉低。		根據不同用途，可以生鮮冷凍或切成一口大小再冷凍比較方便。擦乾水分後用保鮮膜緊緊包起冷凍。	

保存期限 **3～4** 星期	直接冷凍 ○	川燙冷凍 ✕	基礎調味冷凍 ○
	加水冰凍 ✕	烹調後冷凍 ○	烹調前冷凍 ○

豬肉薄片

可以生鮮冷凍、調味後冷凍或做成肉捲，適用於各種冷凍方法保存。

冷凍法 1

基礎調味冷凍

正因為調味簡單，要做改變也容易！

基礎調味冷凍

擦乾豬肉上的水分，灑上鹽和胡椒調味，用保鮮膜包好之後裝入保鮮袋裡，擠出空氣後密封冷凍。

建議解凍 & 烹調方法

流水、冷藏庫解凍

解凍後做成肉捲

將解凍後的豬肉拿來包裹紅蘿蔔、菜豆之類自己喜歡的蔬菜，再煎一煎。

冷凍法 2

生鮮冷凍（一口大小）

能用在炒菜、滷菜、湯品等，簡直萬能！

STEP 1

切成一口大小

仔細擦乾豬肉上的水分，切成一口大小，分成容易使用的量。

STEP 2

保鮮膜緊緊包住

用保鮮膜緊緊包住，放入保鮮袋中擠出空氣，密封冷凍。

建議解凍 & 烹調方法

維持冷凍 | **冷凍狀態下拿去炒！**
將冷凍豬肉蒸煎一下，解凍後就用喜歡的調味拌炒。

冷凍法 3

做成肉捲再冷凍

跟各種喜歡的蔬菜捲起來！

STEP 1

製作肉捲

用秋葵或蘆筍等蔬菜做成肉捲，待其冷卻。

STEP 2

保鮮膜緊緊包住

用保鮮膜緊緊包住，放入保鮮袋中擠出空氣，密封冷凍。

建議解凍 & 烹調方法

流水、冷藏庫解凍 | **解凍後煎過即可享用**
將解凍後的豬肉拿去煎一下再調味。

MEMO

配合用途來冷凍

豬肉薄片可以用在各式各樣的料理上，因此建議配合用途來冷凍。生鮮冷凍也很好，但是煎過之後再冷凍，或做成肉捲等，先處理到加熱烹調的前一個步驟，之後要享用時就能馬上處理，非常方便。

主要營養與功效	冷凍 memo
低醣高蛋白，富含維他命 B_1，具備將醣質轉換為能量的功效，也有助於消除疲勞。	不需要另外花時間去切的豬肉片，建議先調味或烹調後再拿去冷凍，不僅能提高保存性，也增加風味。

保存期限 **3～4** 星期	生鮮冷凍	○	川燙冷凍	×	基礎調味冷凍	○
	加水冰凍	×	烹調後冷凍	○	烹調前冷凍	○

不規則
豬肉片

買大特價包超便宜！
基礎調味後再冷凍或先煎再冷凍。

冷凍法 **1**

基礎調味冷凍①

長蔥與蠔油的風味絕佳！

添加調味料後冷凍

將豬肉 200g 放入保鮮袋中，加入長蔥（剁碎）1/8 支；麻油、紹興酒、醬油、味醂各 1/2 大匙、蠔油 1 小匙之後，搓揉豬肉使其入味，擠出空氣後密封冷凍。

建議解凍 & 烹調方法

維持冷凍、流水或冷藏庫解凍

做成湯品或炒麵

將冷凍狀態的豬肉放進雞雜湯頭中，加入豆芽菜、韭菜等，或解凍後加上蔬菜和麵條做成炒麵。

冷凍法 **2**

基礎調味冷凍②

用烤肉醬就能輕鬆完成！

STEP 1

做好基礎調味

仔細擦乾豬肉上的水分，用烤肉醬做成調味醬後幫豬肉調味。

STEP 2

》

連同醃漬醬料一起裝入保鮮袋

連同醃漬用的醬料一起裝到保鮮袋裡，擠出空氣後密封冷凍。

建議解凍 & 烹調方法

維持冷凍 | **和蔬菜一起做成拌炒料理**
稍微蒸煎一下冷凍狀態的豬肉，解凍後和蔬菜拌炒。

冷凍法 **3**

先煎過再冷凍

先煎好的話，解凍後就能馬上使用！

STEP 1

》

快速煎一下

用沙拉油將豬肉煎到變色即可，灑上鹽巴、胡椒後待其完全冷卻。

STEP 2

用保鮮膜包緊

用保鮮膜緊緊包好，裝入保鮮袋中，擠出空氣後密封冷凍

建議解凍 & 烹調方法

流水、冷藏庫解凍 | **解凍後加熱享用**
解凍後的豬肉用微波爐加熱。

MEMO

生鮮冷凍 VS 加熱後冷凍 何者更美味？

將肉類加熱後再冷凍的話，會變成享用前總共要加熱兩次，因此味道有時可能會受影響。但是解凍後只需要加熱就能吃，非常方便所以 OK ◎。為了避免肉類變乾，請和湯汁或油類一起冷凍。

主要營養與功效	冷凍 memo
富含維他命 B₁，可促進醣質代謝也可消除疲勞。做成炸豬排或豬肉排來吃，也可補充能量。	為了避免肉在加熱的時候收縮，先做好斷筋等前置處理後再冷凍。如果打算做成炸豬排，亦可先沾好麵衣，處理到下鍋油炸前的步驟，再拿去冷凍。

保存期限 **3～4** 星期	生鮮冷凍 ○	川燙冷凍 ✕	基礎調味冷凍 ○
	加水冰凍 ✕	烹調後冷凍 ○	烹調前冷凍 ○

豬排肉

先做好斷筋等前置處理，烹調的時候就不容易縮水。

冷凍法 1

基礎調味冷凍

濃郁的味噌風味讓食慾更佳！

塗上調味料後冷凍

將兩片豬肉擦乾水分後切斷筋的部分，裝入保鮮袋中。塗上味噌 1 大匙、無糖優格 1/2 大匙、生薑末以及蜂蜜各 1/2 小匙，抹勻後稍微搓揉一下，擠出空氣後密封冷凍。

建議解凍 & 烹調方法

流水、冷藏庫解凍

直接拿來煎，做成煎豬排

解凍後直接煎就能做成調味豬排。將解凍後的豬肉灑上麵包粉下鍋油炸，就是炸豬排了。

冷凍法 **2** 生鮮冷凍（切成 1cm 寬）

切成條狀，用來拌炒很方便！

STEP 1

切成 1cm 寬

仔細擦乾兩片豬肉的水分，斷筋後再切成 1cm 寬，分成每 100g 一包。

»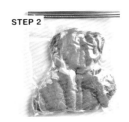

STEP 2

用保鮮膜包緊

用保鮮膜緊緊包好，裝入保鮮袋中，擠出空氣後密封冷凍。

建議解凍＆烹調方法

維持冷凍 | **和蔬菜一起做成拌炒料理**
稍微蒸煎一下冷凍狀態的豬肉，解凍後和蔬菜拌炒。

冷凍法 **3** 沾上麵衣後冷凍

只需要炸一下就能輕鬆吃到剛起鍋的東西

STEP 1

沾上油炸用麵衣

將兩片豬肉切斷筋後用鹽巴、胡椒調味，再沾上麵衣。

» STEP 2

用保鮮膜包緊

用保鮮膜緊緊包好，裝入保鮮袋中，擠出空氣後密封冷凍。

建議解凍＆烹調方法

維持冷凍 | **在冷凍狀態下直接做成炸豬排**
將裹好麵衣的豬肉維持冷凍狀態，直接以 170℃ 熱油炸 7 分鐘左右，到中間也熟透了再起鍋。

MEMO

為了在解凍後能夠馬上享用，先把筋切斷會比較輕鬆

冷凍前先做些適當的前置處理，解凍後在烹調的時候就會比較輕鬆。豬排用的肉如果先把筋切斷，解凍後烹調時，肉塊就不會縮水，外觀上也會比較漂亮。這個小步驟非常重要。

主要營養與功效		冷凍 memo	
豬肉塊是含優良蛋白質且低醣的食材。富含維他命 B 群，尤其是維他命 B₁ 特別豐富，如果覺得疲勞時可以多攝取。		肉塊較厚的話會需要花費較多時間冷凍，狀態可能會受損，所以如果要生鮮冷凍，那就依照打算製作的料理先切好再保存。	

保存期限 **3～4** 星期	生鮮冷凍	○	川燙冷凍	×	基礎調味冷凍	○
	加水冰凍	×	烹調後冷凍	○	烹調前冷凍	○

豬肉塊

全部一起先煮好或做成叉燒都很方便！

冷凍法 **1**

基礎調味冷凍（一口大小）

調味簡單所以更好搭配！

切成一口大小後冷凍

將豬肉上的水分擦乾，切成一口大小後以鹽巴簡單調味。以保鮮膜緊緊包好後裝入保鮮袋內，擠出空氣後密封保存。

建議解凍 & 烹調方法

流水、冷藏庫解凍

解凍後做成燉煮料理

解凍後的豬肉稍微煎一下就可以拿去燉煮。

冷凍法 **2**

水煮後冷凍（切成 1.5 cm 左右寬）

與香料蔬菜一起水煮可以去除臭味！

STEP 1

和香料蔬菜一起煮

切成 1.5cm 左右寬後與香料蔬菜一起煮，連同湯汁一起冷卻。

STEP 2

用保鮮膜包緊

用保鮮膜緊緊包好，裝入保鮮袋中，擠出空氣後密封冷凍。

建議解凍 & 烹調方法

維持冷凍

搭配蔬菜做成料多湯品

將冷凍狀態的豬肉放進雞雜高湯熬煮，解凍後再添加蔬菜一起熬煮。

冷凍法 **3**

做成叉燒後冷凍（整塊）

可以放在炒飯或拉麵上，亦可當成小菜！

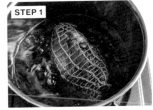

STEP 1

製作叉燒

製作叉燒，連同滷汁一起冷卻。

STEP 2

連同滷汁裝進保鮮袋

將肉塊連同滷汁一起裝進保鮮袋中，擠出空氣後密封冷凍。

建議解凍 & 烹調方法

流水、冷藏庫解凍

解凍後加熱享用

解凍後的豬肉微波加熱再切塊。

MEMO

從冷水慢慢加熱再冷凍，肉質會比較軟嫩

煮的時候要用較弱的中火從冷水慢慢加熱，讓肉塊能夠熟透。煮好後連同湯汁一起冷卻，肉類就能非常濕潤，如此一來就算解凍後亦可享用到軟嫩的肉。

主要營養與功效	冷凍 memo
富含大量鐵質，對於預防貧血相當有用。含有鋅，具有維持正常味覺的功效，是高蛋白低醣質的食材。	與洋蔥和油脂拌在一起後冷凍，洋蔥能夠軟化肉類，油脂則能防止乾燥和氧化。生鮮冷凍或煎過再冷凍的話，要用保鮮膜緊緊包好。

保存期限 3～4 星期	生鮮冷凍 ○	川燙冷凍 ×	基礎調味冷凍 ○
	加水冰凍 ×	烹調後冷凍 ○	烹調前冷凍 ○

牛肉薄片、不規則牛肉片

和蔬菜與油脂拌好，或切小片後再冷凍。

冷凍法 1
不規則牛肉片 基礎調味冷凍

孜然的香氣讓人一再回味！

添加調味料後冷凍

將牛肉 200g 放入保鮮袋中，加入鹽 1/3 小匙、胡椒少許、孜然（或咖哩粉）以及大蒜（磨碎）各 1/2 小匙後搓揉肉塊，擠出空氣後密封冷凍。

建議解凍 & 烹調方法

維持冷凍、流水或冷藏庫解凍

冷凍狀態下熬煮或解凍後與蔬菜拌炒

冷凍狀態下的牛肉搭配馬鈴薯和番茄燉煮，亦可在解凍後與洋蔥和蘆筍做成一道炒菜。

冷凍法 2 生鮮冷凍（切細絲）

建議和切成細絲的蔬菜拌炒！

STEP 1

切成細絲

仔細擦乾牛肉上的水分，將所有牛肉切成粗細一致的牛肉條，然後分裝。

STEP 2

用保鮮膜包緊

用保鮮膜緊緊包好，裝入保鮮袋中，擠出空氣後密封冷凍

建議解凍 & 烹調方法

維持冷凍

與切成細絲的青椒做成青椒炒肉

稍微蒸煎一下冷凍狀態的牛肉，解凍後就和青椒、竹筍一起拌炒調味。

冷凍法 3 拌油冷凍

肉不會變得乾巴巴，有濕潤的口感！

STEP 1

拌油

將牛肉和切成薄片的洋蔥、沙拉油拌在一起，沙拉油要包覆牛肉。

STEP 2

直接裝入保鮮袋

直接裝入保鮮袋中，擠出空氣後密封冷凍。

建議解凍 & 烹調方法

維持冷凍

在冷凍狀態下直接做成炒菜

將冷凍狀態下的牛肉和洋蔥蒸煎一下，解凍後調味拌炒。

冷凍法 4 煎後冷凍

放在飯上做成牛丼！

STEP 1

快速煎一下

用沙拉油快速地把牛肉煎到變色，灑上鹽巴、胡椒後待其完全冷卻。

STEP 2

用保鮮膜包緊

用保鮮膜緊緊包好，裝入保鮮袋中，擠出空氣後密封冷凍。

建議解凍 & 烹調方法

流水、冷藏庫解凍

解凍後加熱享用

將解凍的牛肉微波加熱，調成自己喜歡的口味。

主要營養與功效	冷凍 memo
因為富含鐵質，有助於製造搬運氧氣的紅血球，對預防貧血相當有效。成長期的孩童、懷孕期間或生理期時都可以多加攝取。	牛排肉很容易乾掉，塗上奶油後冷凍不但可以防止乾燥，日後下鍋煎也不需要用油。沾上麵衣後再保存也 OK ◎。

保存期限		生鮮冷凍	○	川燙冷凍	✕	基礎調味冷凍	○
3～4 星期		加水冰凍	✕	烹調後冷凍	○	烹調前冷凍	○

牛排肉

切成一口大小後冷凍，或沾上麵衣再冷凍。

冷凍法 **1**

基礎調味冷凍

柔嫩多汁，會有肉汁！

塗上奶油後冷凍

仔細擦乾牛肉上的水分，灑上鹽巴、胡椒，抹上室溫奶油，用保鮮膜緊緊包好，裝入保鮮袋中，擠出空氣後密封冷凍。

建議解凍 & 烹調方法

維持冷凍

**冷凍狀態下
直接拿去煎，
做成牛排或丼飯**

將冷凍狀態下的牛肉直接蒸煎，加熱到兩面都變色後進行調味，直接做成牛排或丼飯。

冷凍法 2　生鮮冷凍（一口大小）

只需要多個步驟先切好，用的時候絕對輕鬆很多！

 STEP 1 »  STEP 2

切成一口大小
仔細擦乾牛肉上的水分，切成一口大小後分成1人份。

用保鮮膜包緊
用保鮮膜緊緊包好，裝入保鮮袋中，擠出空氣後密封冷凍。

建議解凍＆烹調方法

冰水、冷藏庫解凍

解凍後做成骰子牛

用平底鍋熱油，放入解凍後的牛肉煎成微焦，灑上鹽巴、胡椒調味。

冷凍法 3　煎後冷凍

切好後只需要灑上鹽巴、胡椒去煎！

 STEP 1 »  STEP 2

切成一口大小去煎
牛肉切成一口大小，灑上鹽巴、胡椒，用沙拉油煎好後冷卻。

用保鮮膜包緊
用保鮮膜緊緊包好，裝入保鮮袋中，擠出空氣後密封冷凍。

建議解凍＆烹調方法

冰水、冷藏庫解凍

解凍後加熱享用

用微波爐加熱解凍後的牛肉，可以用來放在沙拉上，亦可做成便當裡的配菜。

冷凍法 4　沾上麵衣後冷凍

做到下鍋油炸的前一個步驟，當天就輕鬆啦！

 STEP 1 »  STEP 2

沾上炸衣
擦乾牛肉上的水分，以鹽巴、胡椒調味後沾上麵衣。

用保鮮膜包緊
用保鮮膜緊緊包好，裝入保鮮袋中，擠出空氣後密封冷凍。

建議解凍＆烹調方法

維持冷凍

冷凍狀態下鍋油炸做成炸牛排

將冷凍狀態、裹上麵衣的牛肉放入170℃的油鍋中，炸到麵衣變成金黃色。注意不要炸過頭了。

主要營養與功效	冷凍 memo
雞絞肉低脂肪，豬絞肉富含維他命 B₁，牛絞肉含有鐵質和鋅，不同肉類含有不同的營養成分，瘦肉的絞肉較健康。	絞肉接觸到空氣的面積比較大，也很容易受損，口味也就會變差。建議先做好基礎調味或烹調好後再冷凍。

保存期限 **3~4** 星期	生鮮冷凍	○	川燙冷凍	×	基礎調味冷凍	○
	加水冰凍	×	烹調後冷凍	○	烹調前冷凍	○

絞肉

壓平後再冷凍，可以生鮮冷凍亦可做成肉燥再冷凍。

冷凍法 **1**

基礎調味冷凍①

解凍後可以做成漢堡排或肉燥！

添加材料後冷凍

將混合絞肉（或牛絞肉）200g、洋蔥泥 2大匙、番茄泥 1大匙、大蒜末 1/2 片量、鹽巴 1/2 小匙、胡椒少許都放在大碗當中拌勻，裝入保鮮袋後，擠出空氣後密封冷凍。

建議解凍 & 烹調方法

維持冷凍、流水或冷藏庫解凍

做成肉燥咖哩或漢堡排

在冷凍狀態下添加番茄醬和濃縮高湯顆粒一起加熱，再和咖哩粉拌炒，亦可解凍後做成漢堡排。

冷凍法 2

生鮮冷凍

覺得麻煩就選擇生鮮冷凍比較輕鬆！

STEP 1 » STEP 2

擦乾水分

仔細擦乾絞肉表面上多餘的水分。

用保鮮膜包緊

用保鮮膜緊緊包好，裝入保鮮袋中，擠出空氣後密封冷凍。

建議解凍 & 烹調方法

維持冷凍 | **直接用冷凍絞肉做成肉醬**
將冷凍的絞肉稍微蒸煎一下，解凍後和蔬菜拌炒調味然後熬煮。

冷凍法 3

基礎調味冷凍②

做好簡單基礎調味，能廣泛使用！

STEP 1 » STEP 2

基礎調味

擦乾絞肉的水分，以鹽巴、胡椒、酒、醬油等做好基礎調味。

用保鮮膜包緊

用保鮮膜緊緊包好，裝入保鮮袋中，擠出空氣後密封冷凍。

建議解凍 & 烹調方法

維持冷凍 | **用冷凍食材炒菜**
直接蒸煎冷凍狀態的絞肉，解凍後和蔬菜一起拌炒。

MEMO

為什麼冷凍時要壓扁一點？

包含絞肉在內，在冷凍各種食品的時候，絕對要盡可能弄得扁平一點。畢竟薄一點，冷凍＆解凍的速度會比較快，可以防止劣化。這是在避開「危險溫度帶」上必須留心的小技巧。

做成肉燥後冷凍（鹽、胡椒）

建議和其他材料搭配烹調！

STEP 1   »   STEP 2

製作肉燥

用鹽巴、胡椒為絞肉調味後製作成肉燥，靜置到完全冷卻。

用保鮮膜包緊

用保鮮膜緊緊包好，盡可能壓平裝入保鮮袋中，擠出空氣後密封冷凍。

建議解凍 & 烹調方法

| 維持冷凍 | **冷凍狀態下做成拌炒料理**
將冷凍狀態下的肉燥稍微蒸煎一下，解凍後和蔬菜拌炒。 |

做成肉燥後冷凍（醬汁）

口味較濃郁，可用於丼飯或便當！

STEP 1   »   STEP 2

製作肉燥

用烤肉醬調味，將絞肉做成肉燥，靜置到完全冷卻。

用保鮮膜包緊

用保鮮膜緊緊包好，盡可能壓平裝入保鮮袋中，擠出空氣後密封冷凍。

建議解凍 & 烹調方法

| 流水、冷藏庫解凍 | **解凍後做成韓式拌飯**
微波加熱解凍後的肉燥，再和蔬菜一起裝盤。 |

MEMO

肉燥是能用在各種料理上的萬能選手！

絞肉的水分含量高，非常容易受損，所以做成肉燥冷凍能保存比較久。另外這樣也比較好活用，可以配飯或淋在涼拌菜上，亦可做成三色丼飯，或取代沙拉醬淋在溫蔬菜沙拉上。

解凍後仍然保留美味的關鍵是什麼？

挑選鮮度高的食材盡快進行冷凍

雖然考量到食品浪費問題，但是買來的食材一旦拿去冷凍，解凍後又實在不好吃……。大家是否遇過這樣的情況？原因或許就在於冷凍時「食材的新鮮度」。比方說，發現食材保存期限已經快要到期、不太新鮮了，只好連忙整包放進冷凍庫裡，這樣在解凍後也不可能會變好吃的。若希望冷凍過的食物好吃，重點就在於必須挑選新鮮度高、美味度仍然相當濃郁的當季食材。然後再參考每種食物各自適合的冷凍方式，盡可能在維持其新鮮度的情況下去冷凍保存。請記得要在買來以後就盡快冷凍起來。

主要營養與功效	冷凍 memo
以豬肉為原料製作成的火腿是高蛋白食材，也含有維他命 B_1 和 B_2，有助於能量代謝、消除疲勞、改善肌膚乾燥情況。	就算是沒有小包分裝，也要在沒切開的情況下將每次要使用的量分開包裝，或是先切好，然後用保鮮膜包好＆用保鮮袋冷凍，就能保存食材美味。

保存期限 **5～6** 星期

直接冷凍	○	川燙冷凍	✕	基礎調味冷凍	✕
加水冰凍	✕	烹調後冷凍	✕	烹調前冷凍	○

烹調前：炸火腿肉排

冷凍法 1　依照使用份量冷凍

每 3 片疊在一起冷凍

將火腿和保鮮膜交錯疊放，3 片一組包在一起。裝入保鮮袋中擠出空氣，密封冷凍。

建議解凍 & 烹調方法

流水、冷藏庫解凍	**解凍後用於製作沙拉等** 解凍後擦乾水分，用來做三明治或沙拉等。

冷凍法 2　直接冷凍（切成小條）

為了方便使用，切好再冷凍

將每 4 片火腿切成小段後用保鮮膜緊緊包好。裝入保鮮袋中擠出空氣，密封冷凍。

建議解凍 & 烹調方法

流水、冷藏庫解凍	**解凍後用於製作湯品等** 解凍後擦乾水分，用作中式湯品、玉米濃湯、沙拉或涼麵的材料。

火腿

在家裡放一些火腿會很方便，冷凍保存超方便！

主要營養與功效	冷凍 memo
豬五花肉煙燻製成的食品，因此和豬肉一樣富含維他命 B₁，且為高蛋白、低醣質，脂肪雖然比較多，但也因此相當美味。	脂肪多而容易氧化的培根，先切成小片後，用保鮮膜緊緊包好再冷凍會比較輕鬆，亦可煎好再冷凍。

保存期限 **5～6** 星期	直接冷凍 ○	川燙冷凍 ✕	基礎調味冷凍 ✕
	加水冰凍 ✕	烹調後冷凍 ○	烹調前冷凍 ○

烹調前：培根捲

培根片

先切成容易使用的大小會比較方便，亦可完全煎好後再冷凍。

冷凍法 1 ｜ 直接冷凍（切成小條）

切成容易使用的大小再冷凍

4 片培根片先切成小條後，用保鮮膜緊緊包好，裝入保鮮袋中擠出空氣，密封冷凍。

建議解凍 & 烹調方法

流水、冷藏庫解凍	**解凍後做成拌炒料理** 解凍後直接與蔬菜拌炒，搭配炒蛋也很方便。

冷凍法 2 ｜ 煎到酥脆後再冷凍

煎好再冷凍

將 5 片培根片雙面都煎過，每片分開用保鮮膜包好裝入保鮮袋中，擠出空氣後密封冷凍。

建議解凍 & 烹調方法

流水、冷藏庫解凍	**解凍後做成三明治等** 解凍後可以直接做成 BLT 三明治，或切成容易食用的大小搭配沙拉享用。

主要營養與功效	冷凍 memo
小香腸的原料大多是豬肩肉，富含維他命 B_1、B_2，有些商品的醣質含量可能會較高。	每條分開用保鮮膜包好放入保鮮袋，使其冷凍時不會接觸到空氣。如果表面上有水分，就要擦乾再冷凍。

保存期限 5～6 星期	直接冷凍	○	川燙冷凍	×	基礎調味冷凍	×
	加水冰凍	×	烹調後冷凍	×	烹調前冷凍	×

小香腸

用保鮮膜緊緊包好以免小香腸接觸到空氣，之後再放入保鮮袋裡冷凍。

冷凍法 1

用保鮮膜包好冷凍

每條分開

每條都分開包好，之後就能直接使用，非常方便！

建議解凍 & 烹調方法

維持冷凍

一條一條用保鮮膜包好

每條都用保鮮膜緊緊包好。裝入保鮮袋中擠出空氣，密封冷凍。

做成熱狗或燉菜

冷凍狀態直接拿去煎成熱狗，或放在鍋中燉煮做成燉菜料理。

主要營養與功效	冷凍 memo
原料和培根片一樣是豬五花肉，因此富含維他命 B₁。鹽分稍微高了一些，但若和高鈣食材搭配就很 OK ◎。	塊狀非常容易氧化，因此要用保鮮膜緊緊包好再放入保鮮袋冷凍。為了方便使用，建議先切好再冷凍。

保存期限 5～6 星期	直接冷凍	○	川燙冷凍	×	基礎調味冷凍	×
	加水冰凍	×	烹調後冷凍	×	烹調前	×

先切成容易使用的厚度，就可以在冷凍狀態下直接烹調，非常方便。

培根塊

冷凍法 1

切好後用保鮮膜包起冷凍

冷凍狀態下能直接用於燉菜或 BBQ！

切好後冷凍

培根塊切成 3cm 左右厚度，每塊分別用保鮮膜包起來。裝入保鮮袋中擠出空氣，密封冷凍。

建議解凍 & 烹調方法

維持冷凍

可熬煮或用於 BBQ 的肉類！

可以在冷凍狀態下放入鍋中燉煮，或用 BBQ 方式直接烤。

B
新鮮鮪魚、鰹魚
生鮮冷凍

鮪魚、鰹魚片用保鮮膜包好，裝入保鮮袋中密封冷凍。冰水解凍。

⌄⌄⌄

筋未去除！

NG! ✕

殘留的筋會造成口感不佳而且水水的！

A
新鮮鮭魚、鯛魚
生鮮冷凍

鮭魚、鯛魚片用保鮮膜包好，裝入保鮮袋中密封冷凍。冰水解凍。

⌄⌄⌄

仍然新鮮、美味！

OK! ○

魚肉仍保有鮮度，口感柔嫩濕潤美味。

Q
生魚片的正確冷凍方法為何？

生魚片有適合冷凍也有不適合冷凍的

如果要冷凍用於生魚片的魚片，有些並不適合。

鮪魚、鰹魚等紅肉魚，以及沙丁魚和竹筴魚等青背魚都不太適合冷凍。這些魚肉在解凍時容易崩解，變得水水的，造成口感相當不佳。相對地，鮭魚和鯛魚等白肉魚、章魚或甜蝦等則很適合冷凍。如果要冷凍鮪魚或鰹魚的話，建議使用醬油醃漬過再冷凍。

2 肉、海鮮、豆子、大豆產品、蛋、乳製品的冷凍保存&解凍技巧

Q 冷凍醃漬生魚片的正確解凍方法為何？

B 冰水解凍

冷凍&解凍方法
將生魚片、醬油、味醂裝進保鮮袋中密封冷凍。冰水解凍。

濕潤美味！

OK! ○

外觀漂亮，口感也濕潤美味。

A 流水解凍

冷凍&解凍方法
將生魚片、醬油、味醂裝進保鮮袋中密封冷凍。流水解凍。

軟綿綿的！

NG! ✕

新鮮度降低且有筋殘留，氣味和口感都不太好。

醃漬的生魚片，正確作法為冰水解凍！

若要解凍醃漬的鮪魚，用流水解凍的話水溫較高，雖然能夠快速解凍，但魚肉新鮮度也會大幅降低。

因此若希望享用新鮮的生魚片，應避免流水解凍的方式。冰水解凍雖然很花時間，但是解凍的時候能夠保持食材新鮮度，因此建議使用冰水解凍的方式。

此建議不僅限於醃漬生魚片，基本上所有的生魚片或生肉類食材都同樣適用。

Q

小型竹筴魚的正確冷凍方法為何？

B

不取出內臟，放在水裡冷凍

冷凍＆解凍方法
不要取出小型竹筴魚的內臟，直接放在保存容器內，裝滿水後蓋上蓋子冷凍。冰水解凍。

肉質緊實！

OK! ○

顏色漂亮有光澤，肉也會非常緊實。

A

去掉內臟後以保鮮袋冷凍

冷凍＆解凍方法
取出小型竹筴魚的內臟後，裝入保鮮袋中密封冷凍。冰水解凍。

很容易受損！

NG! ✕

魚肉接觸到空氣會快速劣化。

**小型竹筴魚建議
直接放在水裡面冷凍**

　　如果要冷凍小型竹筴魚等小條魚類，建議最好不要取出內臟，而是直接放在水中冷凍◎。取出內臟後用保鮮膜包起來，再裝到保鮮袋中冷凍的話，很容易因為乾燥或氧化而導致食材劣化。因此直接加水製成冰塊保存，就能夠完全阻隔空氣防止乾燥或氧化，也能夠維持新鮮度。解凍的時候亦可單純放在水裡解凍。請趁新鮮盡快進行烹調。

Q 冷凍蛤仔的正確解凍方法為何？

A 直接泡在水裡

冷凍 & 解凍方法
從保存容器中取出製成冰塊保存冷凍的蛤仔，直接泡在水裡解凍。

> 沒有那麼好吃！

△

需要多花點時間解凍，美味度也會下降。

B 先敲開再泡在水裡

冷凍 & 解凍方法
和 A 一樣從容器裡拿出來後，先放在托盤之類的地方用湯匙背面敲成幾塊。直接泡在水裡解凍。

> 美味容易留下！

OK! ○

解凍時間比較短容易保存美味。解凍後要馬上加熱。

**製成冰塊保存的蛤仔
先把冰塊敲開來再解凍◎**

蛤仔等貝類也適合加水製成冰塊保存，不過在解凍時，如果直接泡在水中，解凍時間會較長，新鮮度也可能會下降。這種情況下，建議先用湯匙背面將冰塊敲開分成幾個小塊。這樣的解凍速度較快又能維持食材新鮮度。但最好的方法是在冷凍狀態下直接放入鍋中加熱。

主要營養與功效	冷凍 memo
竹筴魚、鯖魚、秋刀魚等魚類大多是高蛋白、低醣質，且富含不飽和脂肪酸、EPA 和 DHA。	仔細擦乾水分後再冷凍。如果要用來烹調，建議先做好基礎調味或處理到最後下鍋前的步驟，比較不容易發臭。

保存期限 **2～3** 星期	生鮮冷凍 ○	川燙冷凍 ✕	基礎調味冷凍 ○
	加水冰凍 ✕	烹調後冷凍 ○	烹調前冷凍 ○

魚肉片

因為已經去掉魚骨，所以能直接進行烹調！

冷凍法 **1**

基礎調味冷凍

如果要用來烹調，建議先做好基礎調味！

基礎調味後再冷凍

擦乾水分，以鹽巴、胡椒做好基礎調味。用保鮮膜緊緊包好，放入保鮮袋中擠出空氣，密封冷凍。

建議解凍 & 烹調方法

冰水、冷藏庫解凍

解凍後做成法式煎魚

將解凍後的魚肉灑上麵粉，用奶油煎做成法式煎魚。

冷凍法 **2** 醋漬後冷凍（去皮）

先做成醋漬，就算冷凍也好吃

STEP 1

剝皮後做成醋漬魚

將用來做生魚片的魚肉從靠頭那一邊向尾巴方向把魚皮剝掉，剔除小魚刺後抹上鹽巴和醋。

»

STEP 2

保鮮膜包緊

用保鮮膜緊緊包好，裝入保鮮袋中，擠出空氣後密封冷凍。

建議解凍 & 烹調方法

冰水解凍

解凍後直接享用

用冰水解凍、切片，處理成容易享用的大小，亦可做成義式涼拌菜。

冷凍法 **3** 做成法式煎魚再冷凍

只要用奶油煎過，濃郁度和香氣都會提升！

STEP 1

做成法式煎魚

灑上鹽巴、胡椒和麵粉，以奶油等油類煎過後待其完全冷卻。

»

STEP 2

用保鮮膜包緊

用保鮮膜緊緊包好，裝入保鮮袋中，擠出空氣後密封冷凍。

建議解凍 & 烹調方法

流水、
冷藏庫解凍

解凍後加熱享用

將解凍後的魚肉片微波加熱，拿來當成便當菜色也很方便。

冷凍法 **4** 沾上麵衣後冷凍

麵衣無比酥脆！沒有魚刺，小孩子也能輕鬆享用

STEP 1

沾上油炸用麵衣

以鹽巴、胡椒調味後，沾上麵衣。

»

STEP 2

用保鮮膜包緊

用保鮮膜緊緊包好，裝入保鮮袋中，擠出空氣後密封冷凍。

建議解凍 & 烹調方法

維持冷凍

**在冷凍狀態下
直接下鍋油炸**

將裹好麵衣的魚肉片在冷凍狀態下放入 170℃油鍋中炸到金黃酥脆，亦可用煎的。

主要營養與功效	冷凍 memo
魚類富含 omega3 脂肪酸的 EPA 和 DHA，具有抑制膽固醇的功效，對於預防失智也相當有效，而且富含維他命 D 等。	如果要生鮮冷凍，先不要切開或取出內臟，直接加水製成冰塊，保存狀態會比較好。

保存期限 **2～3** 星期 （加水冰凍：5～6 星期）	生鮮冷凍 ○	川燙冷凍 ✕	基礎調味冷凍 ○
	加水冰凍 ○	烹調後冷凍 ○	烹調前冷凍 ○

整條魚

如果要生鮮冷凍就直接加水製成冰塊保存，亦可先煎過或煮好再冷凍。

冷凍法 1	先做好基礎調味，之後就能直接使用！

基礎調味冷凍

STEP 1

做好前置處理與基礎調味

將 4 尾竹筴魚去掉鱗片、靠近尾部的硬鱗和腸子，仔細清洗後擦乾水分。加入 4 小匙青醬，表面也要塗抹。

STEP 2

闔上袋口冷凍

每一條魚分別用保鮮膜緊緊包好，每 4 尾裝入一個保鮮袋中，擠出空氣後密封冷凍。

建議解凍 & 烹調方法

冰水、冷藏庫解凍

做成義式蒸魚或用烤箱烤

解凍後的一整條魚可以搭配番茄或橄欖加上白酒蒸煎，亦可和喜歡的蔬菜一起用烤箱烤。

冷凍法 2　小型竹筴魚生鮮冷凍

小條的魚就整條放入容器內加水製成冰塊！

STEP 1

》

STEP 2

倒水進去

直接裝入保存容器當中，讓所有魚都泡在水裡。

蓋上蓋子製成冰塊保存

將保存容器的蓋子蓋好密封，放進冷凍庫裡製成冰塊保存。

建議解凍 & 烹調方法

冰水、冷藏庫解凍

解凍後做成烤魚

將解凍後的魚做好前置處理（參考 p.76），做成烤魚料理。

冷凍法 3　秋刀魚等食材的生鮮冷凍

大條的魚就分裝在保鮮袋中製成冰塊保存！

STEP 1

》

STEP 2

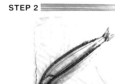

倒水進去

整條放進保鮮袋裡，加水到可以蓋過魚的程度。

闔上袋口冷凍

擠掉保鮮袋中的空氣，密封後放進冷凍庫裡製成冰塊保存。

建議解凍 & 烹調方法

冰水、冷藏庫解凍

解凍後做成南蠻風醃漬魚

將解凍後的魚做好前置處理（參考 p.76），灑上麵粉後以 170℃ 油炸，浸泡在南蠻醋中。

MEMO

如果沒有做基礎調味，基本上整條魚就要完整冷凍

整條的魚不要切開來也不要取出內臟，請直接整條加水製成冰塊保存。解凍後去掉魚頭和內臟，用水仔細清洗。如果先做好前置處理再冷凍，雖然解凍後可以馬上使用，但是無法完好保存其狀態。

冷凍法 4
烤好再冷凍

剝成片狀再冷凍,非常方便!

STEP 1

鹽烤後剝開

鹽烤並等魚冷卻後去除魚骨和魚皮,將魚肉剝開。

»

STEP 2

保鮮膜包緊

用保鮮膜緊緊包好,裝入保鮮袋中,擠出空氣後密封冷凍。

建議解凍 & 烹調方法

流水、冷藏庫解凍 | **解凍後可作為拌飯材料**
解凍後的烤魚微波加熱後,和熱騰騰的白飯拌在一起。

冷凍法 5
與梅子熬煮後冷凍

口味濃郁不會有臭味!

STEP 1

做好前置處理後與梅子熬煮

去掉頭、內臟後與梅子一起熬煮,連同滷汁一起冷卻。

»

STEP 2

連同滷汁一起裝進保鮮袋

連同滷汁一起裝進保鮮袋中,擠出空氣後密封冷凍。

建議解凍 & 烹調方法

流水、冷藏庫解凍 | **解凍後加熱享用**
解凍的梅子燉魚微波加熱,直接享用。

MEMO

建議鹽烤後冷凍 | 竹筴魚或秋刀魚這類整條的魚,亦可鹽烤後冷凍。剝開魚肉進行冷凍的時候,要用保鮮膜緊緊包好再放入保鮮袋中密封。可以用在炊飯或拌飯當中,如果要用來做這類拌菜,亦可在半解凍的狀態下加進去。

主要營養與功效	冷凍 memo
鰤魚富含維他命 B_2，能將脂質轉變為能量，對於肌膚美容也相當有效，也富含 EPA 和 DHA。	可以先做好基礎調味，或烹調後再冷凍保存就能減少臭味，如果要做成便當菜色照燒鰤魚，亦可先切成一口大小再冷凍。

保存期限 2～3 星期			
生鮮冷凍 ○	川燙冷凍 ✕	基礎調味冷凍 ○	
加水冰凍 ✕	烹調後冷凍 ○	烹調前冷凍 ○	

鰤魚

可以先做好基礎調味，或做成照燒口味再冷凍，就能防止魚肉發臭！

冷凍法 1　基礎調味冷凍

做好基礎調味再冷凍

擦乾水分，用鹽巴、酒調味好後，用保鮮膜緊緊包好，裝入保鮮袋中，擠出空氣後密封冷凍。

建議解凍＆烹調方法

維持冷凍、冰水或冷藏庫解凍

烤一烤就能吃

冷凍狀態（或解凍後）的鰤魚可以做成烤魚。

冷凍法 2　做成照燒再冷凍

製作照燒鰤魚

用鹹甜口味的醬汁做成照燒鰤魚後，連同醬汁一起冷卻。用保鮮膜緊緊包好，裝入保鮮袋中，擠出空氣後密封冷凍。

建議解凍＆烹調方法

流水、冷藏庫解凍

解凍後加熱享用

解凍後微波加熱，直接享用。

主要營養與功效	冷凍 memo
鮪魚富含高蛋白和維他命 B_6，具有分解蛋白質後重新合成為身體組織的功效，也有助於維持腦部與神經的正常。	新鮮鮪魚的生魚片用肉，如果放在家庭用的冷凍庫中冷凍容易發黑。可以先做好基礎調味後冷凍，或直接購買冷凍品。

保存期限 **2～3** 星期	生鮮冷凍	○	川燙冷凍	✕	基礎調味冷凍	○
	加水冰凍	✕	烹調後冷凍	○	烹調前冷凍	○

冷凍法1　冷凍狀態下仍維持冷凍（整塊）

冷凍狀態下包保鮮膜

將買來就是冷凍狀態的鮪魚從包裝中取出，用保鮮膜緊緊包好，直接裝進保鮮袋中，擠出空氣後密封冷凍。

建議解凍 & 烹調方法

冰水解凍　**解凍後做成醃漬物或鮪魚排**

解凍後的鮪魚可以拿去醃漬或沾上麵衣做成炸鮪魚排。

冷凍法2　基礎調味冷凍（一口大小）

調味後裝入保鮮袋

擦乾水分後切成一口大小，以醬油和芝麻油做好基礎調味，連同醬汁一起裝入保鮮袋中，擠出空氣後密封冷凍。

建議解凍 & 烹調方法

冰水解凍　**解凍後用在丼飯上**

只需要解凍，就可以放在白飯上做成丼飯。請盡快享用。

鮪魚

如果原本不是冷凍魚片，建議先做好基礎調味再冷凍！

主要營養與功效	冷凍 memo
鰹魚高蛋白又低脂肪，其富含之維他命 B_6 可以分解蛋白質、打造肌肉，也能夠促進孩童成長。	有時候會發臭，因此先生薑醬油或大蒜醬油做好基礎調味再冷凍。如果滴水在托盤上一定要擦乾。

保存期限 **2～3** 星期	生鮮冷凍 ○	川燙冷凍 ×	基礎調味冷凍 ○
	加水冰凍 ×	烹調後冷凍 ○	烹調前冷凍 ○

冷凍法 1　基礎調味冷凍①

調味後裝入保鮮袋

擦乾水分後切成一口大小，用生薑醬油做好基礎調味，連同醬汁一起裝入保鮮袋中，擠出空氣後密封冷凍。

建議解凍 & 烹調方法

冰水解凍　**解凍後直接享用**
解凍後的鰹魚就當成生魚片享用，務必盡早食用。

冷凍法 2　基礎調味冷凍②

調味後裝入保鮮袋

擦乾水分後切成一口大小，用大蒜醬油做好基礎調味，連同醬汁一起裝入保鮮袋中，擠出空氣後密封冷凍。

建議解凍 & 烹調方法

維持冷凍、冰水或冷藏庫解凍　**用奶油或其他油類煎**
用奶油或其他油類煎冷凍狀態下（或解凍後）的鰹魚。

鰹魚

切成一口大小，先調成喜歡的口味後再冷凍，能用來做生魚片亦可用在料理上！

主要營養與功效	冷凍 memo
鮭魚的紅色來自蝦紅素，具有強烈的抗氧化作用，能夠維持腦部與眼睛健康，亦可預防老化、消除疲勞。	仔細擦乾水分、灑上鹽巴後冷凍，也推薦可以煎好後剝成片狀，做成義式涼拌菜之類或烹調後再冷凍。

保存期限 5～6星期				
	生鮮冷凍 ○	川燙冷凍 ×	基礎調味冷凍 ○
	加水冰凍 ×	烹調後冷凍 ○	烹調前冷凍 ○

鮭魚

做好基礎調味
或是加熱後再冷凍以防止劣化！

冷凍法 1

基礎調味冷凍①

柚子或橙子的香氣能做出高雅的調味！

添加調味料後冷凍

將兩片鮭魚片灑上鹽巴後靜置 10 分鐘左右，以酒清洗後裝入保鮮袋裡。取醬油、味醂各 2 小匙、柑橘類的果汁 1 小匙、鹽巴 1 撮加入袋中，擠出空氣後密封冷凍。

建議解凍 & 烹調方法

冰水、
冷藏庫解凍

**做成柚香烤魚
或鋁箔蒸魚！**

將解凍後的魚拿去烤，做成柚香烤魚，或解凍後和蔬菜、菇類等用鋁箔包起拿去蒸烤。

冷凍法 2

基礎調味冷凍②

正因為只用了鹽巴調味，更容易變化菜色！

STEP 1

做好基礎調味
擦乾水分後灑上鹽巴作為基礎調味。

STEP 2

保鮮膜緊緊包住
用保鮮膜緊緊包住，放入保鮮袋中，擠出空氣後密封冷凍。

建議解凍 & 烹調方法

維持冷凍、冰水或冷藏庫解凍

放在烤網上烤過做成鹽烤魚

將冷凍狀態下（或解凍後）的鮭魚放在烤網上烤一烤。

冷凍法 3

烤過再冷凍

做成鮭魚片好下飯！

STEP 1

鹽烤後把肉剝開
鹽烤鮭魚冷卻後拿掉魚骨和魚皮等多餘的東西，把魚肉打散。

STEP 2

保鮮膜緊緊包住
用保鮮膜緊緊包住，放入保鮮袋中，擠出空氣後密封冷凍。

建議解凍 & 烹調方法

流水、冷藏庫解凍

解凍後做成拌飯

將解凍的鮭魚肉片微波加熱，和熱騰騰的白飯拌在一起。

冷凍法 4

做成法式煎魚再冷凍

做成奶油香氣濃郁的西式料理！

STEP 1

製作法式煎魚
灑上鹽巴、胡椒後抹上麵粉，以奶油等油脂煎過後待其完全冷卻。

STEP 2

保鮮膜緊緊包住
用保鮮膜緊緊包住，放入保鮮袋中擠出空氣，密封冷凍。

建議解凍 & 烹調方法

流水、冷藏庫解凍

解凍後加熱享用

將解凍的法式煎魚微波加熱，可以搭配喜愛的蔬菜，擠上檸檬汁也很搭◎。

主要營養與功效	冷凍 memo
旗魚屬高蛋白、低脂肪、低醣質且富含礦物質和 DHA、EPA，對於預防生活習慣病相當有效。	擦乾水分後灑上鹽巴、胡椒再去冷凍。另外如果能先切成容易食用的大小再冷凍的話，就能維持冷凍狀態拿去烹調，非常方便。

保存期限 5～6 星期	生鮮冷凍 ○	川燙冷凍 ×	基礎調味冷凍 ○
	加水冰凍 ×	烹調後冷凍 ○	烹調前冷凍 ○

旗魚

口味清淡更方便使用在許多料理中！可以做好基礎調味或做成照燒後再冷凍。

冷凍法 **1**

基礎調味冷凍 ①

蒜泥和橄欖油的風味實在絕妙！

與調味料混合後冷凍

將兩片旗魚抹上鹽巴 1/2 小匙、胡椒少許、1/2 瓣量的蒜泥。在保鮮袋中放入 1 片旗魚片和 1 片月桂葉、橄欖油 1 大匙，擠出空氣後密封冷凍。

建議解凍 & 烹調方法

冰水、冷藏庫解凍

做成魚排或鮪魚罐頭風格

解凍後用平底鍋煎一煎。將水煮滾後關火，把解凍的魚連同袋子一起放進水中 30 分鐘，拿出來打散魚肉即可。

冷凍法 2

基礎調味冷凍②（切塊）

因為已經先切塊，可以用炒的或滷的！

STEP 1 »

做好基礎調味

擦乾水分後切成塊狀，灑上鹽巴、胡椒調味。

建議解凍 & 烹調方法

維持冷凍、冰水或冷藏庫解凍

STEP 2

保鮮膜緊緊包住

用保鮮膜緊緊包住，放入保鮮袋中擠出空氣，密封冷凍。

搭配蔬菜拌炒

將維持冷凍狀態（或解凍後）的旗魚和蔬菜拌炒。

冷凍法 3

做成照燒再冷凍

也適合作為便當配菜！

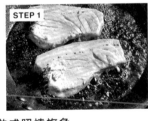

STEP 1 »

做成照燒旗魚

用鹹甜口味的醬汁製作照燒旗魚，連同醬汁一起冷卻。

建議解凍 & 烹調方法

流水、冷藏庫解凍

STEP 2

保鮮膜緊緊包住

用保鮮膜緊緊包住，放入保鮮袋中擠出空氣，密封冷凍。

解凍後加熱享用

將解凍的旗魚微波加熱。

MEMO

先做好基礎調味就能活用在各種料理上

旗魚雖然可以直接冷凍，不過建議先做好基礎調味。擦乾水分切成容易入口的大小，灑上鹽巴、胡椒再拿去冷凍，解凍後就可以直接煎或炒，燉煮料理則可直接加熱冷凍狀態的旗魚。

主要營養與功效		冷凍 memo	
鯛魚含有能夠將醣質轉化為能量的維他命 B，可以幫助消除疲勞、維持腦部與神經的正常運作。		擦乾水分後灑上鹽巴、酒後再冷凍。做成魚肉片或蒸過再冷凍的話，解凍後就能直接享用。	

保存期限 **5～6** 星期	生鮮冷凍 ○	川燙冷凍 ×	基礎調味冷凍 ○
	加水冰凍 ×	烹調後冷凍 ○	烹調前冷凍 ○

鯛魚

為了避免產生生腥臭味，可以先做好基礎調味，或加熱後再冷凍！

冷凍法 **1** 基礎調味冷凍	用鹽巴與酒做好基礎調味防止發臭！

做好基礎調味再冷凍

仔細擦乾水分，灑上鹽巴、酒做好調味，用保鮮膜緊緊包好後放入保鮮袋，擠出空氣後密封冷凍。

建議解凍 & 烹調方法

維持冷凍、冰水或冷藏庫解凍

做成烤魚享用

將冷凍狀態（或解凍後）的鯛魚用烤網做成烤魚。

冷凍法 **2**

蒸過再冷凍

肉質柔軟的鯛魚蒸過後會相當鬆軟

STEP 1

蒸魚

灑上鹽巴、酒，放進蒸籠裡蒸，待其完全冷卻。

>>

STEP 2

保鮮膜緊緊包住

用保鮮膜緊緊包住，放入保鮮袋中擠出空氣，密封冷凍。

建議解凍 & 烹調方法

流水、冷藏庫解凍 | **解凍後加熱享用**
| 解凍後微波加熱。

冷凍法 **3**

烤過再冷凍

將魚肉打散就能做成拌飯，或當成飯糰餡料

STEP 1

鹽烤後打散魚肉

將魚拿去鹽烤，冷卻後拿掉魚骨和魚皮等多餘部分，將魚肉打散。

>>

STEP 2

保鮮膜緊緊包住

用保鮮膜緊緊包住，放入保鮮袋中擠出空氣，密封冷凍。

建議解凍 & 烹調方法

流水、冷藏庫解凍 | **摻入飯中做成鯛魚飯**
| 將解凍的鯛魚微波加熱，摻入熱騰騰的白飯裡。

MEMO

做好基礎調味或蒸過以後再冷凍，肉質就會變得鬆軟！

為了避免發臭，重點就在仔細擦乾水分後用鹽巴和酒調味。鯛魚脂質較高，先做好調味或蒸過以後再冷凍，就能保有其鬆軟肉質。

主要營養與功效	冷凍 memo
蝦子低脂肪、低醣質、高蛋白，含有蝦紅素，具抗氧化作用，可預防活性氧造成的老化。	帶殼蝦就維持原狀，去殼蝦就拿掉背砂，之後都是加水製成冰塊保存，也可以沾上麵衣後做成下鍋前的狀態再拿去冷凍。

保存期限 **2~3** 星期 （加水冰凍：6～10 星期）	生鮮冷凍 ○	川燙冷凍 ✕	基礎調味冷凍 ✕
	加水冰凍 ○	烹調後冷凍 ✕	烹調前冷凍 ○

蝦子

加水冰凍保存能夠維持彈牙口感。

沾好麵衣再冷凍也很方便！

冷凍法 1

生鮮冷凍（帶殼蝦）

如果是有殼的蝦子，建議直接加水製成冰塊保存！

加水冰凍

將帶殼蝦放入保存容器中，倒水蓋過所有蝦子。蓋好蓋子後密封，放進冷凍庫裡製成冰塊保存。

建議解凍 & 烹調方法

冰水解凍

解凍後拿去炒

將整個冰塊放在水裡解凍。擦乾蝦子上的水分，翻炒並且調味，亦可添加自己喜愛的蔬菜。

過熱水後冷凍（去殼蝦）

去殼蝦快速加熱後製成冰塊保存！

STEP 1

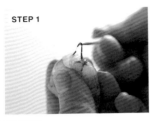

剔除背砂

剔掉背砂後快速過個熱水就放進冷水冰鎮。

建議解凍 & 烹調方法

STEP 2

裝入保存容器中冷凍

放進保存容器中，加入能蓋過所有蝦肉的水，蓋上蓋子密封，放進冷凍庫裡製成冰塊保存。

冰水解凍 | **解凍後做成沙拉或涼拌菜**
將整個冰塊放在水裡解凍後取出蝦肉水煮，擦乾後和喜歡的蔬菜拌在一起。

沾上麵衣後冷凍（去殼蝦）

要吃的時候再炸，口感爽脆！

STEP 1

沾上麵衣

做好前置處理後用鹽巴、胡椒簡單調味，沾上麵衣。

建議解凍 & 烹調方法

STEP 2

保鮮膜緊緊包住

用保鮮膜緊緊包住，放入保鮮袋中，擠出空氣後密封冷凍。

維持冷凍 | **直接下鍋做成炸蝦**
將維持冷凍狀態的蝦子放進 170℃ 的油鍋中做成炸蝦，亦可用煎的。

MEMO

連殼一起吃可以預防老化！

蝦子的外殼具有強化免疫力以及強烈的抗氧化作用，連殼吃可以預防老化。建議連殼一起冷凍，吃的時候也是解凍連殼一起吃。

主要營養與功效	冷凍 memo
章魚屬於高蛋白食材且富含牛磺酸與維他命 E，具有防止惡性膽固醇氧化的功效。	章魚不太會因為冷凍而劣化，不管是切成容易食用的大小再冷凍，或炒一炒烹調過後再冷凍都 OK。

保存期限 **4~5** 星期	生鮮冷凍 ○	川燙冷凍 ×	基礎調味冷凍 ○
	加水冰凍 ×	烹調後冷凍 ○	烹調前冷凍 ○

章魚

不太會在冷凍的時候劣化，
風味和口感都不容易產生變化！

冷凍法 **1**	用來做海鮮沙拉或章魚燒的內餡！

快速水煮後冷凍

切成一口大小後冷凍

快速川燙一下然後冰鎮，擦乾後切成一口大小，用保鮮膜緊緊包好，裝入保鮮袋，擠出空氣後密封冷凍。

建議解凍 & 烹調方法

流水、冷藏庫解凍

解凍後做成沙拉或涼拌

擦乾解凍後的章魚，可以放在沙拉上或搭配自己喜愛的蔬菜。

冷凍法 **2**

快炒後冷凍

大蒜風味令人欲罷不能！

STEP 1

用大蒜快炒

切成一口大小後用沙拉油和大蒜快炒，靜置到完全冷卻。

STEP 2

保鮮膜緊緊包住

用保鮮膜緊緊包住，放入保鮮袋中，擠出空氣後密封冷凍。

建議解凍 & 烹調方法

維持冷凍 | **和其他材料一起拌炒**
翻炒冷凍狀態的章魚，解凍後添加其他海鮮或蔬菜，然後調味。

冷凍法 **3**

快速滷過後冷凍

滷的時間短一點章魚就不會縮起來！

STEP 1

迅速滷一下

切成一口大小，和滷汁一起煮一下，靜置到完全冷卻。

STEP 2

連同滷汁裝進保鮮袋

連同滷汁一起裝進保鮮袋中，擠出空氣後密封冷凍。

建議解凍 & 烹調方法

流水、冷藏庫解凍 | **解凍後做成拌飯**
將解凍的章魚微波加熱，和熱騰騰的白飯拌在一起。

MEMO

連同湯汁冷凍，幫助肝臟運作

章魚的脂質較低，是低卡路里的食材，因此冷凍後也不太容易劣化，很適合冷凍。而且章魚能夠幫助肝臟運作，建議連同滷汁一起冷凍，就能夠做成拌飯料理。

主要營養與功效	冷凍 memo
烏賊是良好的蛋白質且富含牛磺酸，可以有效減少膽固醇、預防高血壓，低脂肪、低醣質。	烏賊和章魚一樣不太會因為冷凍而劣化。完整的烏賊如果做完前置處理，其實不太能久放，直接加水製成冰塊保存能夠保留其良好狀態。

保存期限 5～6 星期	生鮮冷凍 ○	川燙冷凍 ✕	基礎調味冷凍 ○
	加水冰凍 ○	烹調後冷凍 ○	烹調前冷凍 ○

烏賊

適合冷凍的食材之一，不管是生鮮冷凍或加熱後冷凍都 OK。

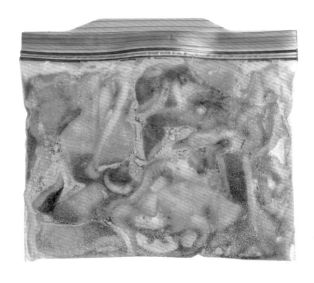

冷凍法 1

基礎調味冷凍 ①

濃郁的美乃滋與咖哩粉是絕配！

STEP 1

做好前置處理

將 200g 烏賊的內臟和吸盤取下，分成 2～3 條，身體部分取出軟骨後切成 1.5cm 寬的圓圈，鰭的部分切成 1cm 寬。

》

STEP 2

添加調味料後冷凍

將烏賊放入保鮮袋中，添加美乃滋 1 大匙、咖哩粉 1 小匙、鹽巴 1/2 小匙、胡椒少許，稍微搓揉後密封冷凍。

建議解凍 & 烹調方法

維持冷凍、流水或冷藏庫解凍

做成湯品或拌炒料理

維持冷凍狀態添加椰奶做成湯品，或解凍後與蔬菜一起調味拌炒。

冷凍法 2　生鮮冷凍（整隻）

一整條冷凍可以做成烤烏賊或烏賊飯！

STEP 1

加水
一整隻放進保鮮袋裡，添加能蓋過烏賊的水。

STEP 2

封口冷凍
盡可能平放並擠出空氣後密封冷凍。

建議解凍 & 烹調方法

冰水、冷藏庫解凍

解凍後做成烤烏賊

將解凍完的烏賊做好前置處理，用烤網進行燒烤。

冷凍法 3　生鮮冷凍（切圓圈）

可以滷可以炒，怎麼用都行！

STEP 1

切成圓圈
做好前置處理，將身體部分切成圓圈，腳則每 2～3 條切開來。

STEP 2

保鮮膜緊緊包住
用保鮮膜緊緊包住，放入保鮮袋中，擠出空氣後密封冷凍。

建議解凍 & 烹調方法

流水、冷藏庫解凍

解凍後做成炸烏賊圈

將解凍後的烏賊擦乾，沾上麵衣以 180℃ 油炸。

冷凍法 4　基礎調味冷凍②

生薑醬油口味適合作為日式和風配菜！

STEP 1

做好基礎調味
前置處理後切成自己喜歡的形狀，以生薑醬油調味。

STEP 2

連同醬汁一起裝進保鮮袋
連同醬汁一起裝進保鮮袋中，擠出空氣後密封冷凍。

建議解凍 & 烹調方法

維持冷凍、流水或冷藏庫解凍

搭配蔬菜做成拌炒料理

翻炒維持冷凍狀態（或解凍後）的烏賊，添加自己喜愛的蔬菜。只煎烏賊本身亦可當成一道菜。

快速做出沙拉或涼拌菜！

川
燙
後
冷
凍

STEP 1

STEP 2

快速川燙

做好前置處理後切成自己喜愛的形狀，快速川燙一下後冰鎮，然後擦乾。

建議解凍 & 烹調方法

流水、冷藏庫解凍

保鮮膜緊緊包住

用保鮮膜緊緊包住，放入保鮮袋中，擠出空氣後密封冷凍。

解凍後做成義式冷盤

將解凍後的烏賊浸泡在醃漬醋中，可以放在沙拉上，亦可搭配蔬菜做成拌炒料理。

先用滷汁滷過，想吃的時候馬上能享用

快
速
滷
過
後
冷
凍

STEP 1

STEP 2

快速滷過

做好前置處理後切成自己喜愛的形狀，用滷汁稍微滷一下，待其完全冷卻。

建議解凍 & 烹調方法

流水、冷藏庫解凍

連同滷汁一起裝進保鮮袋

連同滷汁一起裝進保鮮袋中，擠出空氣後密封冷凍。

解凍後加熱享用

將解凍後的烏賊微波加熱。

MEMO

烏賊可以先做好前置處理再冷凍嗎？

每次都要先做前置處理實在很煩人。大家很容易覺得，如果可以先把身體和腳分開、拿掉內臟、切掉眼睛和嘴巴後用保鮮膜包起來冷凍，這樣解凍的時候就能馬上使用了……但事實上這樣很難久放，所以是 NG 的作法，最好還是整條加水製成冰塊保存。

主要營養與功效	冷凍 memo
蛤仔富含鋅和鐵等，另外也有相當多維他命 B$_{12}$，能夠打造出為全身搬運氧氣的紅血球，對預防貧血相當有效。	貝類要用摩擦的方式清洗乾淨然後吐沙，之後再清洗一次才能拿去冷凍。帶殼的就加水製成冰塊保存，去殼的可以淋過熱水再冷凍比較 OK ◎。

保存期限 **6~10** 個月以上	生鮮冷凍 ○	川燙冷凍 ✕	基礎調味冷凍 ✕
	加水冰凍 ○	烹調後冷凍 ○	烹調前冷凍 ✕

冷凍法 1　生鮮冷凍（帶殼）

加水冰凍

去沙之後再次清洗，裝入保存容器，加水直到蓋過所有蛤仔，蓋上蓋子密封，放入冷凍庫中製成冰塊保存。

建議解凍 & 烹調方法

維持冷凍	**維持冷凍做成白酒蛤蜊義大利麵** 將敲碎的冰塊加熱使水分蒸發，待蛤仔殼打開以後就加入義大利麵拌炒。

冷凍法 2　淋上熱水後冷凍（蛤肉）

淋上熱水後冷凍

淋上熱水然後冰鎮再擦乾，酒蒸也 OK ◎。用保鮮膜緊緊包好，裝入保鮮袋中，擠出空氣後密封冷凍。

建議解凍 & 烹調方法

流水、冷藏庫解凍	**解凍後做成沙拉或涼拌菜** 將解凍的蛤肉擦乾，可以放在沙拉上，或與喜愛的蔬菜拌在一起。

蛤仔

製成冰塊保存更能提升美味！只有蛤肉的話可以淋過熱水再冷凍。

主要營養與功效	冷凍 memo
富含維他命 B_{12}、鋅、鐵等營養，預防貧血相當有效◎。具有讓神經細胞正常修復的功效，還可以緩和肩頸痠痛。	生鮮冷凍的話，就先吐沙再加水製成冰塊保存，也建議可以用紹興酒拌炒或做成佃煮等，烹調後再冷凍。

保存期限 **6~10** 個月	生鮮冷凍	○	川燙冷凍	✕	基礎調味冷凍	✕
	加水冰凍	○	烹調後冷凍	○	烹調前冷凍	✕

花蜆

製成冰塊保存或加熱後再冷凍。
請務必吐沙後再冷凍保存。

冷凍法 1

如果想做成最常見的味噌湯就先加水冰凍起來！

生鮮冷凍（帶殼）

建議解凍 & 烹調方法

維持冷凍

**維持冷凍狀態
直接做成味噌湯**

將整個冰塊連同高湯一起熬煮，然後添加味噌，可以隨喜好灑上蔥花。

吐沙後冷凍

吐沙後再清洗一次，裝入保存容器中，加水蓋過所有花蜆，蓋上蓋子密封，放入冷凍庫中製成冰塊保存。

冷凍法 2

用紹興酒翻炒後冷凍（帶殼）

用紹興酒提升風味！最適合當小菜

STEP 1

用紹興酒翻炒

吐沙後再清洗一次，用紹興酒翻炒，放到完全冷卻。

>>

STEP 2

連同湯汁裝入保鮮袋

將帶殼花蜆連同翻炒的湯汁一起裝入保鮮袋中，擠出空氣後密封冷凍。

建議解凍 & 烹調方法

流水、冷藏庫解凍 | **解凍後加熱享用**
將解凍的花蜆微波加熱。

冷凍法 3

做成佃煮再冷凍（花蜆肉）

鹹甜鹹甜的口味超級下飯！

STEP 1

製作佃煮

去沙並仔細清洗，做成佃煮，放到完全冷卻。

>>

STEP 2

保鮮膜緊緊包住

用保鮮膜緊緊包住，放入保鮮袋中，擠出空氣後密封冷凍。

建議解凍 & 烹調方法

流水、冷藏庫解凍 | **解凍後放在飯上**
將解凍後的花蜆肉放在熱騰騰的白飯上享用。

MEMO

關於蛤仔與花蜆的吐沙 | 無論是哪種貝類都一樣，請用摩擦方式清洗外殼後再吐沙。蛤仔泡在接近海水的 3% 鹽水當中；花蜆則泡在真水或 1% 左右的淡鹽水裡，擺在陰暗處一個晚上。吐沙後別忘了用水再洗一遍。

主要營養與功效	冷凍 memo
牡蠣富含牛磺酸、維他命 B$_{12}$、鐵質等，另含有大量鋅，有助合成 DNA 並使味覺保持正常。	要冷凍牡蠣肉的時候，建議仔細清洗再加水製成冰塊保存，這樣比較不容易劣化。沾上麵衣做到下鍋油炸前一個步驟保存，也非常方便。

保存期限 **5~8** 星期	生鮮冷凍 ○	川燙冷凍 ✕	基礎調味冷凍 ○
	加水冰凍 ○	烹調後冷凍 ○	烹調前冷凍 ○

冷凍就能提升美味！
製成冰塊保存或沾好麵衣再冷凍都相當方便。

牡蠣

冷凍法 **1**

基礎調味冷凍

蘿蔔泥在解凍後仍然相當美味！

STEP 1

»
STEP 2

添加調味料

將 200g 牡蠣仔細清洗後，添加蘿蔔泥、淡醬油、味酥各 2 大匙以及鹽 1/8 小匙，一起裝入保鮮袋中。

搭配調味料冷凍

輕輕搓揉一下，擠出空氣後密封冷凍。

建議解凍 & 烹調方法

維持冷凍、冰水或冷藏庫解凍

做成蘿蔔泥鍋或炊飯

將冷凍狀態的牡蠣放進高湯中，加入蔬菜、豆腐做成蘿蔔泥鍋，亦可將凍解後的牡蠣連同湯汁一起使用做成炊飯。

冷凍法 2

生鮮冷凍

製成冰塊保存的話，使用方法就變得更多樣化了！

STEP 1

放入容器中加水

仔細清洗後裝入保存容器，加水直到蓋過牡蠣。

STEP 2

蓋上蓋子冷凍

蓋上保存容器的蓋子密封，放入冷凍庫中製成冰塊保存。

建議解凍 & 烹調方法

冰水解凍

解凍後進行拌炒

整個冰塊放在水裡解凍，擦乾牡蠣上的水分後進行翻炒。

冷凍法 3

薑燒後冷凍

生薑風味令人食指大動！可以搭配白飯

STEP 1

製作薑燒牡蠣

仔細清洗後製作薑燒牡蠣，連同醬汁一起放到完全冷卻。

STEP 2

連同醬汁一起裝入保鮮袋

連同醬汁一起裝入保鮮袋中，擠出空氣後密封冷凍。

建議解凍 & 烹調方法

流水、冷藏庫解凍

解凍後加熱享用

將解凍的牡蠣微波加熱。

冷凍法 4

沾上麵衣後冷凍

先沾好麵衣，要吃的時候就很輕鬆！

STEP 1

沾上麵衣

做好前置處理，用鹽巴、胡椒調味後沾上麵衣。

STEP 2

保鮮膜緊緊包住

用保鮮膜緊緊包住，放入保鮮袋中，擠出空氣後密封冷凍。

建議解凍 & 烹調方法

維持冷凍

維持冷凍狀態下鍋油炸，做成炸牡蠣

將冷凍狀態的牡蠣放進170℃油炸，亦可用煎的。

主要營養與功效	冷凍 memo
干貝屬於很健康的高蛋白食材，也富含維他命B_{12}，對於修復受損的神經細胞以及預防貧血都相當有效。	不可以重新冷凍，因此包裝上寫著「解凍」的商品就不能冷凍了，這點要多加小心。建議乾貨的干貝可以泡發後再冷凍。

保存期限 **2~3** 星期 （加水冰凍：6個月）	生鮮冷凍 ○	川燙冷凍 ✕	基礎調味冷凍 ○
	加水冰凍 ○	烹調後冷凍 ○	烹調前冷凍 ○

干貝

不管是生的或加熱後再冷凍都OK。乾貨亦可加水製成冰塊保存，很方便！

冷凍法 **1**

生鮮冷凍

為了避免乾燥，每個分開用保鮮膜包好！

STEP 1

一個一個包好

快速水洗一下後擦乾，每個分別用保鮮膜包好。

»

STEP 2

裝入保鮮袋中冷凍

直接放進保鮮袋中，擠出空氣後密封冷凍。

建議解凍 & 烹調方法

冰水、冷藏庫解凍

和蔬菜一起拌炒

將需要使用的干貝解凍後，和蔬菜拌炒。

冷凍法 **2**

奶油醬油炒過後再冷凍

仔細拌炒入味超好吃！也能當成便當配菜

STEP 1

STEP 2

»

用奶油與醬油翻炒

用奶油和醬油一起翻炒，連同醬汁一起放到完全冷卻。

連同醬汁裝入保鮮袋

連同醬汁裝入保鮮袋中，擠出空氣後密封冷凍。

建議解凍 & 烹調方法

熱水解凍　│　**解凍後直接享用**

將冷凍狀態的干貝連同保鮮袋浸泡在熱水裡解凍。

冷凍法 **3**

連同泡發用的水一起冷凍（乾貨）

泡發干貝的水充滿鮮味要拿來使用，別倒掉！

STEP 1

STEP 2

»

泡發

將乾貨干貝放進保存容器中加水泡發，30 分鐘左右即可完成。

蓋上蓋子冷凍

蓋上保存容器的蓋子密封，放入冷凍庫中製成冰塊保存。

建議解凍 & 烹調方法

維持冷凍　│　**直接加熱做成湯品**

將整個干貝與泡發用的水以冰塊狀態放入鍋中開火，加水以及其他喜歡的材料熬煮。

MEMO

當天冷凍　│　干貝和生魚片類的東西一樣，買來的第二天就超過保存期限了。如果想要長期保存，一定要生鮮狀態下馬上冷凍，或是烹調後就冷凍，這樣就能夠維持其新鮮度享用。

主要營養與功效	冷凍 memo
富含打造骨骼與牙齒的鈣質，可預防骨質疏鬆、幫助孩童成長，也富含幫助鈣質吸收的維他命 D。	用保鮮膜分裝每次需要使用的份量後再冷凍。如果打算直接享用，就用冷藏庫解凍或流水解凍。如果要烹調，亦可維持冷凍狀態。

保存期限 **2~3** 星期	生鮮冷凍 ○	川燙冷凍 ✕	基礎調味冷凍 ✕
	加水冰凍 ✕	烹調後冷凍 ○	烹調前冷凍 ✕

魩仔魚乾

可以直接冷凍、炒過後或分裝，重點是用保鮮膜緊緊包好 & 使用保鮮袋。

冷凍法 1　分裝小包後再包裝冷凍

分成每 30g 一小包，用保鮮膜緊緊包好，裝入保鮮袋中，擠出空氣後密封冷凍。

建議解凍 & 烹調方法

維持冷凍、流水或冷藏庫解凍

可以做成炒飯或蘿蔔泥魩仔魚
維持冷凍狀態可用作為義大利麵或炒飯的配料，解凍後亦可加上蘿蔔泥或做成煎蛋。

冷凍法 2　炒過做成配料後冷凍

和海苔、炒過的白芝麻拌炒，分裝成小包後用保鮮膜包好，裝入保鮮袋中，擠出空氣後密封冷凍。

建議解凍 & 烹調方法

維持冷凍、流水或冷藏庫解凍

作為玉子燒的內餡或灑在白飯上
維持冷凍狀態可用作玉子燒的內餡，或解凍後灑在白飯上。

主要營養與功效	冷凍 memo
富含維他命 E，能夠擴張微血管、改善血液循環，也對預防老化相當有效，也富含能夠改善貧血的維他命 B_{12}。	建議每條分別用保鮮膜包好冷凍。如果切成一口大小再冷凍，烹調的時候用起來也相當方便，可以依用途決定處理方式。

保存期限 **2~3** 星期	生鮮冷凍 ○	川燙冷凍 ✕	基礎調味冷凍 ✕
	加水冰凍 ✕	烹調後冷凍 ○	烹調前冷凍 ✕

可以生鮮冷凍，亦可烤一烤再冷凍！

鱈魚卵、明太子

冷凍法 1　用保鮮膜分別包好後冷凍

鱈魚卵、明太子要每條分開用保鮮膜包好，直接裝入保鮮袋中，擠出空氣後密封冷凍。

建議解凍 & 烹調方法

冰水、流水或冷藏庫解凍

解凍後直接享用或用來做義大利麵等
解凍後可以直接享用，亦可和義大利麵拌在一起。

冷凍法 2　烤一烤再包起來冷凍

將烤過的鱈魚卵、明太子切成一口大小，用保鮮膜緊緊包好，裝入保鮮袋，擠出空氣後密封冷凍。

建議解凍 & 烹調方法

維持冷凍、流水或冷藏庫解凍

做成炒飯或飯糰
維持冷凍狀態用作炒飯的配料，或解凍後放在白飯上或當成飯糰的餡料。

主要營養與功效	冷凍 memo
與生的竹筴魚相比，蛋白質和脂肪都增加了，營養價值也有所提升。富含 DHA 和 EPA，可保血液清爽、防止動脈硬化。	用鋁箔包起來後放入保鮮袋中，使其冷凍時不會接觸到空氣。解凍後再來烹調。

保存期限 **3~4** 星期	直接冷凍 ○	川燙冷凍 ×	基礎調味冷凍 ×
	加水冰凍 ×	烹調後冷凍 ×	烹調前冷凍 ×

竹筴魚乾

可以作為配菜也能當下酒菜，家裡放一些很方便！

冷凍法 1

用鋁箔包起來

每片魚乾分別用鋁箔緊緊包好，裝入保鮮袋中，擠出空氣後密封冷凍。

建議解凍 & 烹調方法

冰水、冷藏庫解凍

解凍後再拿去烤，打散魚肉做成拌飯或灑在飯上都可以。

主要營養與功效	冷凍 memo
除了對健康相當良好的 EPA 和 DHA 等不飽和脂肪酸外，還有能維持眼睛與皮膚黏膜健康的維他命 A，另富含打造骨骼與牙齒的鈣質。	用保鮮膜緊緊包好後裝入保鮮袋中冷凍。用冰水解凍或放在冷藏庫解凍後再加熱、烹調。

保存期限 **2~3** 個月	直接冷凍 ○	川燙冷凍 ×	基礎調味冷凍 ×
	加水冰凍 ×	烹調後冷凍 ×	烹調前冷凍 ×

蒲燒鰻魚

解凍後加熱就能直接享用！

冷凍法 1

用保鮮膜包起來

用保鮮膜緊緊包好，裝入保鮮袋中，擠出空氣後密封冷凍。

建議解凍 & 烹調方法

冰水、冷藏庫解凍

解凍後做成鰻魚飯或鰻魚捲。

主要營養與功效	冷凍 memo
富含幫助鈣質吸收的維他命 D、有助於抗氧化的維他命 E，可預防骨質疏鬆、促進血液循環。	用小型的鋁箔杯等容器分裝後冷凍，只拿出需要的用量以冰水或冷藏庫解凍。

保存期限 **3～4** 個月	生鮮冷凍 ○	川燙冷凍 ✕	基礎調味冷凍 ○
	加水冰凍 ✕	烹調後冷凍 ✕	烹調前冷凍 ✕

鮭魚卵

依據使用份量分裝再冷凍！

冷凍法 1

用小杯子分裝

將適量鮭魚卵分裝至小杯當中，放到保存容器裡，用保鮮膜覆蓋好鮭魚卵，然後蓋上蓋子冷凍。

建議解凍 & 烹調方法

冰水、冷藏庫解凍

解凍後做成鮭魚卵丼或用來妝點沙拉。

主要營養與功效	冷凍 memo
含有維他命 A、維他命 D、不飽和脂肪酸、鈉。由於具有抗氧化作用，因此對於預防老化與生活習慣病相當有效。	煙燻鮭魚冷凍也 OK。如果和保鮮膜交錯疊放，盡可能讓魚肉不要接觸到空氣的話，能夠長久維持良好狀態。

保存期限 **6** 個月以上	生鮮冷凍 ○	川燙冷凍 ✕	基礎調味冷凍 ○
	加水冰凍 ✕	烹調後冷凍 ✕	烹調前冷凍 ✕

煙燻鮭魚

可以做沙拉也能當配菜，家裡有的話非常方便！

冷凍法 1

和保鮮膜交錯疊放

將煙燻鮭魚與保鮮膜交錯疊放後包好，裝入保鮮袋中，擠出空氣後密封冷凍。

建議解凍 & 烹調方法

冰水、冷藏庫解凍

解凍後用來搭配沙拉或製作冷盤等。

何謂基礎冷凍調理包？

先將魚類或肉類調味後，放入保鮮袋中冷凍保存。先做好各種不同的調味然後冷凍起來，就能夠增加日常料理的變化，所以是相當推薦的作法。

2 基礎冷凍調理包

鹽＋胡椒

醬油＋酒

醬油＋味醂＋砂糖

番茄醬＋洋蔥泥

鹽麴＋咖哩粉

鹽＋生薑

➡ 運用各種 **調味冷凍方式**
拓展出 **豐富的料理變化**

只要記得調味的方式，食材用什麼都ＯＫ

基礎調味冷凍是藉由調味料的入味，減少食品細胞損傷並防止乾燥，使食材不容易劣化，因此食品在解凍後依然美味。只要記得各種調味的方式，就能夠拓展料理的種類，因此相當推薦此做法。上面六種調味方式，幾乎能夠與所有食材搭配。只要記得食品重量和調味料的比例，就可以嘗試看看各種不同的材料。

做基礎調味的時候
務必沾勻整體食材

製作基礎調味食品的訣竅，在於添加調味的方式。將食材放進保鮮袋中，直接加入調味料然後揉一揉雖然比較簡單，但如果希望調味料能夠更均勻地沾滿食材，建議還是在大碗中把東西拌好搓揉，再裝入保鮮袋裡密封。絞肉可以使用長筷之類的工具攪拌調味料，就能夠均勻混合了。為了方便分成幾餐使用，亦可壓條長線作記號。

基礎冷凍調理包的基本作法

 **1**

 **2**

 **3**

進行基礎調味
將肉類或魚類切成容易食用的大小，添加調味料來做基礎調味。

分成 2 等份
將步驟1的材料一分為二，裝入兩個保鮮袋中。

擠出空氣後冷凍
擠出空氣後密封冷凍。

冷凍重點

絞肉的基礎調味

最好區隔好每餐的份量再冷凍
壓平後用長筷之類的工具壓出線條供之後切割用，這樣使用起來會更容易。建議可以用一餐的份量做為評估標準。

解凍的時候怎麼做？

冷藏庫解凍
放到冷藏庫解凍。

冰水、流水解凍
泡在冰水裡面或以流水沖刷解凍。

維持冷凍
以冷凍狀態和其他材料一起熬煮或直接烹調。

依食材重量而定

鹽＋胡椒

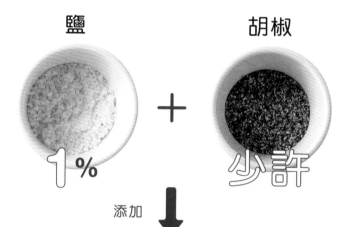

鹽　　　　胡椒

1% ＋ 少許

添加 ↓

沙拉油

防止乾燥

適量

依食材重量搭配鹽巴 1%、胡椒少許，另外為了防止乾燥，灑上少許沙拉油後再冷凍。

保存期限
冷凍 **2~3** 個月

不管哪種料理都能搭配
經典基礎調味

「鹽＋胡椒」這種調味雖然很簡單，卻可以搭配各種料理。除了豬肉、雞肉、牛肉、絞肉外，切片魚等各種食材也都很對味。

解凍後可以拿來炒或做成燉煮料理等，也能用烤箱烤一烤，活用在各種料理當中。鹽的份量基本上是食材重量的1％。再加上少許胡椒和預防乾燥的適量沙拉油一起搓揉。這樣不管是解凍後或烹調後都不會變得乾巴巴，而是維持水嫩可口。

雞腿肉

基礎調味後冷凍

食材（4 人份）

雞腿肉⋯⋯⋯⋯2 片（1 片 250g × 2）

鹽⋯⋯⋯⋯⋯⋯雞肉重量的 1%
（1 片約 2.5g × 2）

胡椒⋯⋯⋯⋯⋯⋯⋯⋯少許

沙拉油⋯⋯⋯⋯⋯⋯⋯2 小匙

製作方法

將雞肉切成一口大小，灑上鹽、胡椒和沙拉油。分成 2 等份裝入保鮮袋中，擠出空氣後密封冷凍。

> 可以做的料理

- 燉煮料理
- 烤箱烤肉

> 活用食譜

解凍後蒸煮

香草蒸紅蘿蔔泥與雞肉

食材（2 人份）

冷凍雞腿肉⋯⋯⋯⋯⋯⋯⋯1 袋

A 洋蔥⋯⋯⋯⋯⋯⋯⋯1/2 個

　紅蘿蔔⋯⋯⋯⋯小的 1 條（100g）

奶油⋯⋯⋯⋯⋯⋯⋯⋯15g

迷迭香⋯⋯⋯⋯⋯⋯⋯1 支

白酒⋯⋯⋯⋯⋯⋯⋯3 大匙

製作方法

1 將雞肉解凍（參考 P107）。

2 將 A 磨成泥，用平底鍋加熱奶油後以中火炒 3 分鐘。

3 將步驟 1 加入步驟 2 的材料中，添加撕碎的迷迭香、白酒後蓋上蓋子，悶煮 7 分鐘。

迷迭香的香氣令人食指大動

基礎調味後冷凍

基礎調味後冷凍

食材（4 人份）

不規則豬肉片 ·················· 400g
鹽 ·············· 豬肉重量的 1%（4g）
胡椒 ······························ 少許
沙拉油 ························· 2 小匙

製作方法

將鹽、胡椒、沙拉油灑在豬肉上，分成 2 等份裝入保鮮袋中，擠出空氣後密封冷凍。

可以做的料理

· 拌炒蔬菜
· 炒麵

活用食譜

解凍後翻炒

小黃瓜炒豬肉

食材（2 人份）

冷凍不規則豬肉片 ····························· 1 袋
小黃瓜 ······································· 1 條
芹菜 ······································· 1/2 根
大蒜 ··· 1 瓣
芝麻油 ······································· 1 小匙

製作方法

1 解凍豬肉（參考 P107）。

2 將小黃瓜對半直切，用湯匙挖掉種子。斜切成 1.5cm 寬。芹菜斜切成 1.5cm 寬，葉子簡單切一切即可。

3 平底鍋淋芝麻油加熱切成一半的蒜片，等到爆香後就翻炒步驟 **1** 的材料，熟了以後就加入步驟 **2** 的材料拌炒。

蔬菜爽脆大蒜飄香

鯖魚

基礎調味後冷凍

食材（4 人份）

鯖魚	（半身）3 片（1 片 150g×3）
鹽	鯖魚重量的 1%
	（1 片為 1.5g×3）
胡椒	少許
沙拉油	2 小匙

製作方法

將鯖魚斜切成 2cm 寬，灑上鹽巴（適量／不計入食譜標示之份量）後靜置 10 分鐘。仔細清洗後擦乾，灑上鹽巴、胡椒和沙拉油。分成 2 等份裝入保鮮袋中，擠出空氣後密封冷凍。

可以做的料理

・炸魚或南蠻醋漬
・煎魚

活用食譜

解凍後拿去烤

箱烤鯖魚

食材（2 人份）

冷凍鯖魚	1 袋
櫛瓜	1 條
杏鮑菇	1 條
小番茄	10 個
鹽、胡椒	各少許
起司粉	2 大匙
橄欖油	1 大匙

製作方法

1 解凍鯖魚（參考 P107）。
2 將櫛瓜切成 1cm 寬圓片，滾刀切好杏鮑菇，小番茄去掉蒂頭。
3 將步驟 1、2 的材料都放在耐熱盤中，灑上鹽巴、胡椒、起司粉後淋上橄欖油。
4 以 230℃ 的烤箱烤 10 分鐘。

烤的達鬆軟的鯖魚和起司相當對味！

醬油＋酒

每 200g 食材

醬油　　　　　　　酒

2小匙　　＋　　1小匙

每 200g 食材添加醬油 2 小匙、
酒 1 小匙然後冷凍。

保存期限
冷凍 **1~2**個月

最適合日式燒烤或油炸物的基礎調味方式

「醬油＋酒」這樣的調味，除了可用於製作日式燒烤或油炸食物以外，做中式料理的時候也相當合適。

除了雞翅、豬五花肉薄片、干貝等外，搭配牛肉、魚肉片、蝦子等也都相當對味。

基本上每 200g 食材添加 2 小匙醬油和 1 小匙的酒。只要記得這個比例，什麼食材都能嘗試。解凍後可以先烤過一遍，就能讓香氣四溢、美味加分。

雞翅

基礎調味後冷凍

食材（4 人份）

雞翅	16 隻（600g）
醬油	2 大匙
酒	1 大匙

製作方法

沿著骨骼將雞翅切開，添加醬油和酒後搓揉，分成 2 等份裝入保鮮袋中，擠出空氣後密封冷凍。

可以做的料理

- 烤雞等燒烤料理
- 炸雞塊等油炸料理

活用食譜

解凍後蒸煮

雞肉燉蘿蔔

食材（2 人份）

冷凍雞翅	1 袋
生薑	1 片
蘿蔔	150g
鹽	1/4 小匙

製作方法

1 解凍雞翅（參考 P107）。
2 生薑切成薄片，蘿蔔切成 1.5cm 厚的三角塊狀。
3 將步驟 1、2 的材料和鹽巴放入鍋中，添加剛好能蓋過材料的水，使用較小的鍋蓋，開大火燉煮。煮沸後以中火熬煮 12 分鐘左右。

搭配生薑為入味的蘿蔔畫龍點睛！

基礎調味後冷凍

食材（4 人份）

豬五花肉片	400g
醬油	4 小匙
酒	2 小匙

製作方法

將豬肉切成 3cm 寬，添加醬油和酒後搓揉，分成 2 等份裝入保鮮袋中，擠出空氣後密封冷凍。

可以做的料理

- 蔬菜味噌湯
- 燉煮烏龍麵

活用食譜

解凍後翻炒

菇類炒豬肉

食材（2 人份）

冷凍豬五花肉片	1 袋
鴻喜菇	100g
金針菇	100g
長蔥	1/2 支
芝麻油	2 小匙

製作方法

1 解凍豬肉（參考 P107）。

2 將鴻喜菇帶土的頭切掉然後撕開，金針菇則切掉根部後，切成一半的長度後撕開，長蔥對半直切後斜切。

3 以平底鍋加熱芝麻油，翻炒步驟 1、2 的材料。確認一下口味後再用鹽巴（少許／不計入食譜標示之份量）調整，亦可做成丼飯或炒麵。

簡單調味卻散發濃郁口感！

干貝

基礎調味後冷凍

食材（4 人份）

干貝	400g
醬油	4 小匙
酒	2 小匙

製作方法

將干貝橫的對切成兩半。干貝、醬油、酒分成 2 等份裝入保鮮袋中，擠出空氣後密封冷凍。

可以做的料理

・炸干貝
・炊飯

活用食譜

解凍後翻炒

奶油炒干貝甜豆

食材（2 人份）

冷凍干貝	1 袋
甜豆	100g
奶油	10g
粗粒黑楜椒	適量

製作方法

1 解凍干貝（參考 P107）。
2 甜豆去筋。
3 用平底鍋開中火加熱奶油，用來煎步驟 **1**、**2** 的材料。等到兩面煎好就盛裝到容器當中，灑上粗粒黑楜椒。

醬油與奶油一下子就入味～美味又可口。

醬油＋味酥＋砂糖

每 200g 食材

醬油

１大匙

＋

味酥

１大匙

↓ 添加

砂糖

每 200g 食材添加醬油
1 大匙、味酥 1 大匙、
砂糖 1 小匙然後冷凍。

１小匙

保存期限
冷凍 **3～4**個月

做出家裡每個人都會喜歡的鹹甜口味

要做日式燉煮料理或照燒口味的東西，最推薦的就是「醬油＋味酥＋砂糖」這款基礎調味方式。

不管是雞肉、牛肉、豬肉或鰤魚以及鮭魚肉片，甚至烏賊或干貝都很對味。

重點在於不要維持冷凍狀態加熱，而是解凍後再拿去烹調。無論蔬菜拌炒或單純燉煮，都能令人吃得相當滿足。這個口味非常濃厚扎實，當然也很適合搭配白飯，建議可以存放一些在冷凍庫。

基礎調味後冷凍

食材（4 人份）

雞腿肉 ⋯⋯ 2 片（1 片 300g ✕ 2）
醬油 ⋯⋯⋯⋯⋯⋯⋯⋯⋯⋯ 3 大匙
味醂 ⋯⋯⋯⋯⋯⋯⋯⋯⋯⋯ 3 大匙
砂糖 ⋯⋯⋯⋯⋯⋯⋯⋯⋯⋯ 1 大匙

製作方法

將雞肉切成一口大小，與醬油、味醂、砂糖一起搓揉後，分成 2 等份裝入保鮮袋中，擠出空氣後密封冷凍。

> **可以做的料理**

・筑前煮
・照燒

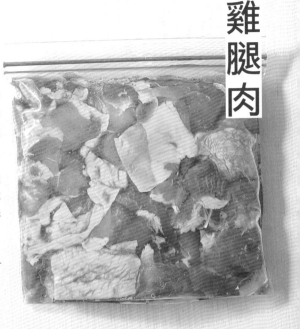

活用食譜
> 解凍後蒸煎

蓮藕炒雞肉

食材（2 人份）

冷凍雞腿肉 ⋯⋯⋯⋯⋯⋯⋯⋯ 1 袋
蓮藕 ⋯⋯⋯⋯⋯⋯⋯⋯⋯⋯ 150g
紅辣椒 ⋯⋯⋯⋯⋯⋯⋯⋯⋯⋯ 1 條
芝麻油 ⋯⋯⋯⋯⋯⋯⋯⋯⋯ 2 小匙
炒過的白芝麻 ⋯⋯⋯⋯⋯⋯ 2 小匙

製作方法

1 解凍雞肉（參考 P107）。
2 將蓮藕切成 5mm 厚的三角片狀。
3 用平底鍋開中火加熱芝麻油和紅辣椒，將步驟 **1**、**2** 的材料平均放在平底鍋上，蓋上蓋子悶 3 分鐘。
4 將整體翻過來後再次蓋上蓋子悶 3 分鐘，翻炒整體後灑上白芝麻，喜歡的話亦可添加大蒜一起翻炒◎。

雞肉柔嫩多汁！使用紅辣椒提味

基礎調味後冷凍

食材（4 人份）

不規則牛肉片 ···················· 300g
醬油 ························· 1 又 1/2 大匙
味醂 ························· 1 又 1/2 大匙
砂糖 ····························· 1/2 大匙

製作方法

將牛肉與醬油、味醂、砂糖一起
搓揉後，分成 2 等份裝入保鮮袋
中，擠出空氣後密封冷凍。

可以做的料理

· 時雨煮
· 牛丼

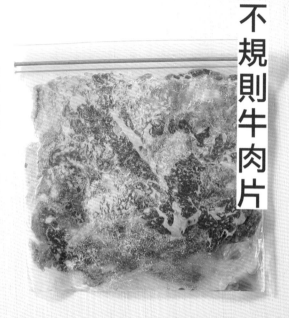

活用食譜
解凍後微波加熱

牛肉蒸豆腐

食材（2 人份）

冷凍不規則牛肉片 ···················· 1 袋
板豆腐 ···················· 200g
豌豆 ···················· 10 條
柚子胡椒 ···················· 適量

製作方法

1. 解凍牛肉（參考 P107）。
2. 將板豆腐切成 4 等份，放在廚房紙
   巾上 10 分鐘瀝乾。
3. 將步驟 1、2 的材料放在耐熱碗中，輕
   輕蓋上保鮮膜，微波加熱 4 分鐘。
4. 從微波爐中取出，稍微打散牛肉後放上已
   經去筋的豌豆，再加熱 2 分鐘。
5. 盛裝到器皿中，搭配柚子胡椒一同享用。

牛肉軟嫩！搭配的柚子胡椒香氣十足

豬絞肉

基礎調味後冷凍

食材（4 人份）

豬絞肉	400g
醬油	2 大匙
味醂	2 大匙
砂糖	2 小匙

製作方法

將豬絞肉與醬油、味醂、砂糖一起搓揉後，分成 2 等份裝入保鮮袋中，擠出空氣後密封冷凍。

可以做的料理

- 炒飯
- 香菇鑲肉

多汁的絞肉與爽脆的小松菜相當對味

活用食譜
解凍後翻炒

炒絞肉

食材（2 人份）

冷凍豬絞肉	1 袋
小松菜	150g
洋蔥	1/2 個
芝麻油	2 小匙

製作方法

1 解凍豬肉（參考 P107）
2 小松菜大致上切一下，洋蔥切薄片。
3 用平底鍋開中火加熱芝麻油，拌炒步驟 1 的材料和步驟 2 的洋蔥，等到熟了之後開大火，加入小松菜稍微拌炒一下。

鹽 少許 ＋ 胡椒 少許

100g 食材搭配番茄醬 1 大匙、洋蔥泥 1/2 大匙、鹽巴以及胡椒各少許，撒上後冷凍。

雞翅

番茄醬＋洋蔥泥

番茄醬和洋蔥的美味會滲進肉裡面，此款基礎調味的口味相當濃郁。

基礎調味後冷凍

食材（4 人份）

雞翅	12 隻（600g）
番茄醬	6 大匙
洋蔥泥	3 大匙
鹽、胡椒	各少許

製作方法

將鹽巴、胡椒撒在雞翅上，與番茄醬、洋蔥泥稍微搓揉一下，分成 2 等份裝入保鮮袋中，擠出空氣後密封冷凍。

可以做的料理

・咖哩
・燉菜鍋

蕃茄醬的酸味令人一口接著一口！

活用食譜
解凍後油炸

炸雞翅

食材（2 人份）

冷凍雞翅	1 袋
麵粉	3 大匙
炸油	適量
紅葉萵苣	適量

製作方法

1 解凍雞翅（參考 P107）
2 撒上麵粉。
3 使用預熱至 160℃的油鍋油炸 6 分鐘。
4 瀝油後裝盤，放上紅葉萵苣。

保存期限 冷凍 **2〜3** 個月

| | 食材 **100**g | | 番茄醬 1 大匙 | ＋ | 洋蔥泥 1/2 大匙 | ＋ |

不規則豬肉片

基礎調味後冷凍

食材（4 人份）

不規則豬肉片	400g
鹽、胡椒	各少許
番茄醬	4 大匙
洋蔥泥	2 大匙

製作方法

將鹽巴、胡椒撒在豬肉上，與番茄醬、洋蔥泥稍微搓揉一下，分成 2 等份裝入保鮮袋中，擠出空氣後密封冷凍。

可以做的料理

・燉菜鍋
・番茄燉肉

活用食譜

解凍後翻炒

豬排風餐點

食材（2 人份）

冷凍不規則豬肉片	1 袋
鴻喜菇	1 包（100g）
沙拉油	2 小匙
高麗菜（切絲）	適量

製作方法

1 解凍冷凍豬肉（參考 P107），鴻喜菇切掉蒂頭後撕開。

2 用平底鍋加熱沙拉油，翻炒步驟 1 的材料。

3 將步驟 2 的材料裝盤，擺上高麗菜絲。

多汁豬肉搭配濃郁醬茄超級美味！

每 100g 食材撒上鹽麴 1 大匙、咖哩粉 1/2 小匙
後冷凍，適合容易變乾的食材。

雞胸肉

鹽麴＋咖哩粉

鹽麴能讓肉類料理多汁軟嫩；
咖哩粉風味令人食指大動

基礎調味後冷凍

食材（4 人份）

雞胸肉 ······················· 2 片
　　　　　（1 片 300g×2）
鹽麴 ··························· 6 大匙
咖哩粉 ······················· 1 大匙

製作方法

將雞胸肉切成一口大小，與
鹽麴、咖哩粉一起搓揉，分
成 2 等份裝入保鮮袋中，擠
出空氣後密封冷凍。

可以做的料理

・烤雞肉等燒烤類
・料多湯品

活用食譜
解凍後蒸煮

番茄蒸雞肉

食材（2 人份）

冷凍雞胸肉 ···················· 1 袋
番茄 ······ 較大的1個（200g）
青蔥（切小段） ············ 適量

製作方法

1 解凍雞肉（參考 P107）。
2 將番茄切成 1cm 方塊。
3 使用較厚的鍋子，將步驟
　1 和 **2** 的材料放入鍋中，
　蓋上蓋子後以中火蒸煮約
　8 分鐘。
4 將步驟 **3** 的材料裝盤，撒
　上青蔥。

鹽麴讓肉類變得軟嫩！與咖哩搭配相當對味

保存期限
冷凍 **2～3** 個月

122

食材 **100 g**　　 鹽麴 1 大匙　**+**　 咖哩粉 1/2 小匙

豬里肌

基礎調味後冷凍

食材（4 人份）

豬里肌	400g
鹽麴	4 大匙
咖哩粉	2 小匙

製作方法

將豬肉切成 1.5cm 寬，與鹽麴、咖哩粉搓揉後分成 2 等份裝入保鮮袋中，擠出空氣後密封冷凍。

可以做的料理

・炸豬肉
・燉菜鍋等燉煮料理

活用食譜

解凍後蒸煮

高麗菜蒸豬肉

食材（2 人份）

冷凍豬里肌	1 袋
高麗菜	100g
洋蔥	1/4 個
酒（或水）	50ml

製作方法

1 解凍豬肉（參考 P107）。
2 將高麗菜大略切為 3cm 方形，洋蔥切為薄片。
3 將步驟 **2** 的材料放入平底鍋中，再放上步驟 **1** 的材料。淋上酒後蓋上鍋蓋以中火蒸約 8 分鐘，最後把所有材料拌一下。

蒸煮過的高麗菜甜味使口味更濃郁

+ 芝麻油 1/2 小匙

100g 食材撒上鹽巴 1%（1g）、
生薑泥 1/2 小匙、芝麻油 1/2 小
匙後冷凍。

鹽＋生薑

雞絞肉

只用鹽和生薑就能搭配所有料理。

可以維持冷凍就拿去烹調，非常推薦。

基礎調味後冷凍

食材（4 人份）

雞絞肉	400g
鹽	雞肉重量的 1%（4g）
生薑泥	2 小匙
芝麻油	2 小匙

製作方法

將材料攪拌在一起後分成 2
等份裝入保鮮袋中，擠出空氣
後密封冷凍（或使用長筷之類
的工具劃出 4 等份的線條）。

可以做的料理

· 炒絞肉
· 燒賣

活用食譜

冷凍狀態熬煮

甘甜的肉丸子相當美味！

肉丸子風味湯

食材（2 人份）

冷凍雞絞肉	1 袋
金針菇	50g
乾燥海帶芽	2g
A 顆粒雞高湯	1 小匙
水	2 杯
醬油	1 小匙

製作方法

1 用鍋子加熱 **A**，將切成一半
的金針菇撕開，連同稍微
過水的乾燥海帶、冷凍雞
絞肉稍微敲開後放入，以
中火煮約 8 分鐘。

保存期限
冷凍 **1～2** 個月

食材 **100**g

 鹽 1%(1g)

+

 生薑泥 1/2 小匙

豬里肌薄片

基礎調味後冷凍

食材（4 人份）

豬里肌薄片 400g
鹽 .... 豬肉重量的1%（4g）
生薑（磨成泥）............ 2 小匙
芝麻油 .... 2 小匙

製作方法

將所有材料拌在一起，分成 2
等份裝入保鮮袋中，擠出空氣
後密封冷凍。

可以做的料理

- 拌炒蔬菜
- 鍋類

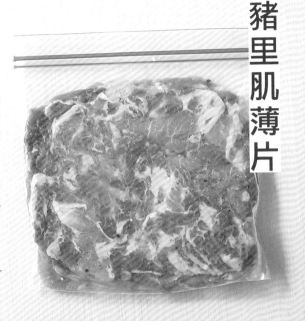

活用食譜

冷凍狀態蒸煮

白菜蒸豬肉

食材（2 人份）

冷凍豬里肌肉薄片 .... 1 袋
白菜 200g
酒 50ml

製作方法

1 白菜大致上切一切。
2 將步驟 **1** 的材料、冷凍狀態
 的豬肉放入鍋中，淋上酒
 後蓋上鍋蓋，以中火蒸約 3
 分鐘。快速攪拌一下，再蒸
 3 分鐘，隨個人喜好搭配柚
 子醋享用。

豬肉與白菜搭配柚子醋醬油超清爽

Q 煮過的大豆的正確冷凍方法為何？

B 做成油漬大豆後用保鮮袋冷凍

冷凍 & 解凍方法

瀝乾水分後與橄欖油和醋拌在一起做成油漬大豆，直接裝入保鮮袋中密封冷凍。冷藏庫解凍。

直接吃也很好吃！

OK!

蓬鬆又能直接當成油漬冷盤料理享用。

A 瀝乾水分後用保鮮袋冷凍

冷凍 & 解凍方法

瀝乾水分後直接裝入保鮮袋裡放平，密封冷凍。冷藏庫解凍。

蓬鬆好吃！

OK!

散發豆香的蓬鬆豆子美味好吃。

連同水煮湯汁一起冷凍的話解凍非常耗費時間

處理乾燥大豆時，若一次泡開來煮但沒有馬上使用的話，建議冷凍保存起來。但是要冷凍的時候，我們又會忽然有各式各樣的疑問，例如水煮的湯汁是否可以倒掉、要用什麼容器等等。首先，我們要思考的是是否要瀝乾湯汁，還是繼續保留在湯汁中。就結果來說，把湯汁瀝掉後再冷凍比較OK◎。除

D
連同水煮湯汁 裝瓶冷凍

冷凍 & 解凍方法
連同水煮湯汁一起裝到罐子裡,蓋上蓋子後冷凍。冷藏庫解凍。

解凍
很花時間!

難以解凍而且口感不佳,還會殘留些許氣味!

C
連同水煮湯汁 以保鮮袋冷凍

冷凍 & 解凍方法
連同水煮的湯汁一起裝入保鮮袋中平放,密封冷凍。冷藏庫解凍。

殘留
特殊氣味!

享用後會有股令人在意的氣味。

了顧及口味與口感以外,解凍時間也比較短,能夠馬上使用,非常方便。如果做成油漬大豆,還能直接作為沙拉或冷盤享用。

如果連同水煮湯汁一起冷凍的話,就會殘留大豆特有的氣味,所以不太建議這麼做。裝入瓶子冷凍的話,解凍時間也相對較長,同時也會殘留氣味。如果要冷凍水煮大豆,建議大家先把湯汁瀝乾。

Q 雞蛋的正確冷凍方法為何？

B 打成蛋汁的蛋

冷凍 & 解凍方法

將蛋打到碗中仔細打散，裝入保存容器中，蓋上蓋子冷凍。冷藏庫解凍。

口感和味道都不變！

口感與味道跟冷凍前沒有差別，可以直接拿來烹調！

OK! ◯

A 已經打開的蛋

冷凍 & 解凍方法

將蛋打到保存容器當中，直接蓋上蓋子冷凍。冷藏庫解凍。

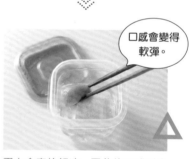

口感會變得軟彈。

蛋白會直接解凍，蛋黃的口感則會變得有些軟彈。

△

如果把蛋白和蛋黃混合在一起冷凍就 OK ◎

雖然在雞蛋便宜的時候多買了一些，結果卻吃不完……。這種情況下，建議大家冷凍保存。保存生蛋時要根據之後的用途，不過把蛋先打散保存會比較好。混合蛋黃和蛋白能夠防止蛋白質分子結合，方便用來製作蛋包或日式煎蛋等料理。另外，如果將蛋打到保存容器中直接

D

不甜的煎蛋

冷凍 & 解凍方法

做好不甜口味的煎蛋，用保鮮膜緊緊包好裝入保鮮袋中，密封冷凍。維持保鮮膜包著的冷凍狀態直接放進微波爐加熱。

600W ▽ 加熱2～3分鐘

硬邦邦又乾巴巴！

△

相較於偏甜口味的煎蛋會比較硬又乾。

C

甜甜的煎蛋

冷凍 & 解凍方法

做好偏甜口味的煎蛋，用保鮮膜緊緊包好裝入保鮮袋中，密封冷凍。維持保鮮膜包著的冷凍狀態直接放進微波爐加熱。

600W ▽ 加熱2～3分鐘

濕潤柔軟！

OK! ○

口感濕潤又柔軟。

冷凍，雖然蛋白可以直接使用，但蛋黃的口感會變得有些黏稠且濕潤、味道也更濃郁，非常適合製成醃蛋黃。另外，加熱後再冷凍也行◎。如果做成日式煎蛋，建議煎小份一點，每個分開包好冷凍。如做成偏甜口味的煎蛋，口感上會更濕潤且冷凍後依然美味。如果要包便當，那就先微波加熱一下再裝進便當裡。

主要營養與功效	冷凍 memo
富含良好的植物性蛋白質，以及懷孕與接受透析者容易缺乏的葉酸，建議多攝取。	為了解凍後馬上能夠享用，建議水煮後再冷凍。如果做好基礎調味再冷凍，亦可直接烹調，非常方便。

保存期限 2~3 個月					
直接冷凍	✕	川燙冷凍	✕	基礎調味冷凍 ○
加水冰凍	✕	烹調後冷凍	○	烹調前冷凍 ✕

鷹嘴豆

水煮後直接冷凍或做成鷹嘴豆泥再冷凍也很方便！

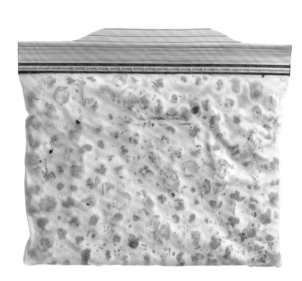

冷凍法 1

基礎調味冷凍

鬆軟口感好吃到令人欲罷不能！

 »

STEP 1

先浸泡再煮沸

將 1/2 杯乾燥鷹嘴豆浸泡在水中，靜置一晚。用大火煮滾後切換中火煮 30 分鐘，撈起來瀝乾。

STEP 2

搓揉後冷凍

將鷹嘴豆、1/2 小匙鹽巴、少許胡椒、1 大匙橄欖油放入保鮮袋中搓揉，冷卻後擠出空氣後密封冷凍。

建議解凍 & 烹調方法

維持冷凍、微波爐解凍

做成湯品或沙拉

將冷凍狀態的鷹嘴豆和蔬菜煮成一道湯品，或用微波爐加熱後添加香草做成沙拉。

冷凍法 2　水煮後冷凍

只有水煮所以很容易變換菜色！

STEP 1

泡水後水煮

在水中浸泡一個晚上，泡到豆子變軟後再煮，連同湯汁一起冷卻。

STEP 2

裝入保鮮袋中冷凍

將湯汁瀝乾後裝入保鮮袋中，擠出空氣後密封冷凍。

建議解凍 & 烹調方法

維持冷凍

連同其他材料燉煮製作豆子咖哩

將冷凍狀態的鷹嘴豆直接放入鍋中，搭配喜歡的材料一起燉煮，最後加入咖哩塊即可完成。

冷凍法 3　與橄欖油攪拌後冷凍

口感濕潤，非常美味！

STEP 1

拌入調味料

將鹽巴、胡椒撒在水煮後已軟化的鷹嘴豆上，然後拌入橄欖油。

STEP 2

直接裝入保鮮袋中

連同橄欖油一起裝入保鮮袋中冷凍，擠出空氣後密封冷凍。

建議解凍 & 烹調方法

流水、冷藏庫解凍

做成沙拉或湯品

將解凍後的鷹嘴豆搭配喜愛的材料做成沙拉，或與番茄等材料一起燉煮成湯品。

冷凍法 4　做成鷹嘴豆泥冷凍

作為醬料絲滑順口！

STEP 1

做成鷹嘴豆泥

用食物調理機等工具將鷹嘴豆做成豆泥，靜置到完全冷卻。

STEP 2

直接裝入保鮮袋中

將鷹嘴豆泥直接裝入保鮮袋中，擠出空氣後密封冷凍。

建議解凍 & 烹調方法

流水、冷藏庫解凍

解凍後直接享用

解凍後的鷹嘴豆泥可以直接享用，也能當成三明治的餡料。微波加熱也很好吃。

主要營養與功效	冷凍 memo
腰豆在豆類當中屬於食物纖維較多者，因此多少有整腸作用。具備強烈抗氧化作用，也含有多酚。	建議水煮或打成豆泥，依據用途以不同方式冷凍，要烹調的時候採冷藏庫解凍或流水解凍。

保存期限 **2~3** 個月	直接冷凍	×	川燙冷凍	×	基礎調味冷凍	×
	加水冰凍	×	烹調後冷凍	○	烹調前冷凍	○

腰豆

可以水煮後壓成泥，或做成糖煮豆也很好吃！

冷凍法 1	水煮後再冷凍，解凍就能直接享用！

水煮後冷凍

STEP 1 » STEP 2

泡水後水煮

在水中浸泡一個晚上，泡到豆子變軟後再煮，連同湯汁一起冷卻。

裝入保鮮袋中冷凍

將湯汁瀝乾後裝入保鮮袋中，擠出空氣後密封冷凍。

建議解凍 & 烹調方法

流水、冷藏庫解凍

解凍後做成沙拉或涼拌菜

將解凍後的腰豆搭配喜愛的蔬菜，做成沙拉或涼拌菜。

冷凍法 **2**

水煮後冷凍（壓成泥）

使用搗泥工具壓碎，做成沾醬！

STEP 1

水煮後壓成泥

將水煮後已經變軟的腰豆用搗泥工具搗壓成泥，靜置到完全冷卻。

» STEP 2

用保鮮膜緊緊包好

用保鮮膜緊緊包好後裝入保鮮袋中，擠出空氣後密封冷凍。

建議解凍 & 烹調方法

流水、冷藏庫解凍

解凍後做成沾醬

將解凍後的腰豆與奶油起司、鹽巴、胡椒攪拌均勻做成沾醬，用蔬菜沾來享用。

冷凍法 **3**

糖煮後冷凍

甘甜的口味讓人感到放鬆！

STEP 1

製作糖煮豆

將腰豆煮軟後製作糖煮豆，連同湯汁一起靜置到完全冷卻。

» STEP 2

裝入保鮮袋中冷凍

把湯汁稍微瀝掉後裝入保鮮袋中，擠出空氣後密封冷凍。

建議解凍 & 烹調方法

流水、冷藏庫解凍

解凍後加熱享用

解凍後的糖煮豆微波加熱便可直接享用。

MEMO

充分加熱後再冷凍

腰豆含有可能會引發嘔吐、腹瀉等食物中毒或引發過敏的凝集素。這個物質在沸騰狀態下將豆子煮軟後就會遭到破壞，因此請務必充分加熱後再冷凍。

主要營養與功效	冷凍 memo
大豆又被稱為「素肉」，蛋白質含量相當高，也含有均衡的必需胺基酸，有助於降低血脂、改善肥胖情況。	冷凍時務必瀝掉水煮的湯汁才行，這樣解凍快，也能夠只取出需要使用的份量。

保存期限 **6** 個月以上	直接冷凍	×	川燙冷凍	×	基礎調味冷凍	×
	加水冰凍	×	烹調後冷凍	○	烹調前冷凍	○

大豆

用來做綜合豆、燉煮或湯品都很方便！建議一次煮起來再冷凍。

冷凍法 1　水煮後冷凍

水煮後進行冷凍

浸泡在水中一晚後用大火煮開，然後轉中火繼續煮，連同湯汁一起冷卻。瀝乾後裝入保鮮袋中密封冷凍。

建議解凍 & 烹調方法

流水、冷藏庫解凍

解凍後燉煮
將解凍後的大豆、烤過表面的雞翅和滷汁一起做成滷味。

冷凍法 2　做成水煮豆冷凍

做成水煮豆冷凍

用鍋子煮好豆子，連同湯汁一起冷卻。瀝乾後裝入保鮮袋，擠出空氣後密封冷凍。

建議解凍 & 烹調方法

流水、冷藏庫解凍

解凍後加熱享用
將解凍後的水煮豆微波加熱後直接享用。

主要營養與功效	冷凍 memo
富含食物纖維，可預防便秘。除了有抗氧化作用的多酚外，也含有大量可預防貧血的鐵質。	乾燥的紅豆如果冷凍保存，很容易凍壞或味道變差，要多加小心，最好還是加熱後再冷凍。

保存期限		直接冷凍	✕	川燙冷凍	✕	基礎調味冷凍	✕
6 個月以上		加水冰凍	✕	烹調後冷凍	◯	烹調前冷凍	◯

冷凍法 1　水煮後冷凍

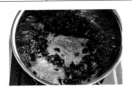

水煮後連同湯汁一起冷凍

將紅豆與水放入鍋中水煮後，連同湯汁一起冷卻，再連同湯汁一起裝入保鮮袋中，擠出空氣後密封冷凍。

建議解凍 & 烹調方法

流水解凍	**解凍後做紅豆飯** 使用流水解凍將解凍後的紅豆和湯汁一起加上米、水煮成紅豆飯。

冷凍法 2　做成紅豆泥再冷凍

製作紅豆泥後冷凍

將煮好的紅豆和砂糖一起加熱搗爛後冷卻，再用保鮮膜緊緊包好，裝入保鮮袋中，擠出空氣後密封冷凍。

建議解凍 & 烹調方法

流水解凍	**解凍後做成萩餅** 將流水解凍後的紅豆泥包裹上用電鍋煮好的糯米，製作成萩餅。

紅豆

可以水煮或做成紅豆泥後冷凍◎。亦可用來做紅豆飯或和菓子！

主要營養與功效	冷凍 memo
納豆含有均衡的蛋白質、維他命、礦物質,是富含食物纖維的發酵食品,也可期望具有整腸效果。	微波解凍會讓味道變差,所以請自然解凍。就算是冷凍起來,納豆菌也依然活著,因此有時豆子會變得比較軟。

保存期限 6個月～1年	直接冷凍 ○	川燙冷凍 ×	基礎調味冷凍 ×
	加水冰凍 ×	烹調後冷凍 ×	烹調前冷凍 ×

在不小心放過保存期限前,馬上冷凍起來吧!

納豆

直接冷凍

納豆菌不會改變,所以建議冷凍保存!

建議解凍 & 烹調方法

冷藏庫解凍

撕掉薄膜後冷凍

將購買時原有的外面那層包裝薄膜撕掉,直接連同盒子放進冷凍庫,附贈的醬油和芥末亦可一起冷凍。

解凍後直接享用

放在冷藏庫解凍後可以直接享用,亦可做成納豆湯、當成蛋包飯或炒飯的配料。

MEMO

冷凍的話,納豆菌會怎麼樣呢?

納豆是大豆的發酵食品,可以冷凍非常方便。納豆菌雖然會因為冷凍而進入休眠狀態,但不會死亡。

主要營養與功效	冷凍 memo
豆渣是指製作豆腐的時候剩下來的大豆渣，由於原本是大豆，因此富含營養價值和食物纖維，相當健康，如果要減肥的話可以善用。	豆渣在製造豆腐的過程中已經被加熱過，所以不需要重新加熱，可以直接冷凍使用。可以先做好基礎調味或炒一炒再冷凍。

保存期限 6個月～1年	直接冷凍 ○	川燙冷凍 ×	基礎調味冷凍 ○
	加水冰凍 ×	烹調後冷凍 ○	烹調前冷凍 ×

豆渣

冷藏保存的話放不了幾天，冷凍沒問題◎。生鮮狀態直接冷凍也不容易劣化！

冷凍法 1　直接冷凍

分成每 100g 一包冷凍

用保鮮袋分裝成 100g，擠出空氣後密封冷凍，亦可用保鮮膜分裝◎。

建議解凍 & 烹調方法

維持冷凍、冷藏庫解凍

和蔬菜一起燉煮
將維持冷凍狀態（或解凍後）的豆渣和蔬菜或肉類等一起用滷汁燉煮。

冷凍法 2　基礎調味冷凍

做好基礎調味後冷凍

添加美乃滋、醋等，做好基礎調味，用保鮮膜緊緊包好，裝入保鮮袋中，擠出空氣後密封冷凍。

建議解凍 & 烹調方法

流水、冷藏庫解凍

解凍後做成涼拌菜
解凍後的豆渣搭配自己喜愛的蔬菜，做成沙拉或涼拌菜。

主要營養與功效	冷凍 memo
富含與女性荷爾蒙相似的大豆異黃酮，具有緩和更年期障礙的效果，同時能抑制膽固醇。	直接冷凍的話會導致油脂氧化使味道變差，而且很容易沾染冰箱氣味，因此重點在於務必將油脂去除以後再冷凍。

保存期限 **2～3**星期

直接冷凍	×	川燙冷凍	×	基礎調味冷凍	×
加水冰凍	×	烹調後冷凍	○	烹調前冷凍	○

冷凍法 1 ｜ 去油後冷凍

去油後冷凍

稍微泡一下熱水，冷卻後將水擰乾。用保鮮膜緊緊包好，裝入保鮮袋中，擠出空氣後密封冷凍。

建議解凍 & 烹調方法

維持冷凍、
冷藏庫解凍

用烤網做成烤豆皮
將維持冷凍狀態（或解凍後）的豆皮放在烤網上做成烤豆皮。

冷凍法 2 ｜ 做成鹹甜口味再冷凍

做成鹹甜口味再冷凍

去油之後用鹹甜醬汁煮到收乾後冷卻。用保鮮膜緊緊包好，裝入保鮮袋中，擠出空氣後密封冷凍。

建議解凍 & 烹調方法

維持冷凍、
微波爐解凍

作為烏龍麵的配料
用烏龍麵湯煮冷凍狀態的豆皮，放在烏龍麵上；微波加熱亦可。

豆皮

最適合冷凍的大豆製品。去油以後瀝乾冷凍相當方便！

主要營養與功效	冷凍 memo
豆腐餅的原料是大豆，因此富含大豆的營養和食物纖維。裡面通常會有的蔬菜成分也提升了它的營養價值。	去油之後直接冷凍，或做成燉煮料理再冷凍亦可◎。燉煮料理如果連同湯汁一起冷凍，解凍的時候就能馬上享用，非常方便。

保存期限 **2～3** 星期

直接冷凍	✕	川燙冷凍	✕	基礎調味冷凍	✕
加水冰凍	✕	烹調後冷凍	○	烹調前冷凍	○

冷凍法 1　去油後冷凍

去油後冷凍

稍微泡一下熱水，冷卻後將水擰乾。用保鮮膜緊緊包好，裝入保鮮袋中，擠出空氣後密封冷凍。

建議解凍 & 烹調方法

維持冷凍、冷藏庫解凍　**製作燉煮料理或關東煮**
維持冷凍狀態（或解凍後）的豆腐餅可以用滷汁燉煮，或作為關東煮的材料。

冷凍法 2　做成燉煮料理後冷凍

做成燉煮料理裝入保鮮袋

去油後製作燉煮料理使其入味，靜置冷卻。連同湯汁一起裝入保鮮袋中，擠出空氣後密封冷凍。

建議解凍 & 烹調方法

維持冷凍、冷藏庫解凍　**加熱後直接享用**
維持冷凍狀態（或解凍後）的豆腐餅微波加熱後便可直接享用。

豆腐餅

先去油再冷凍。可以直接冷凍也能做成燉煮料理再冷凍。

主要營養與功效		冷凍 memo		
除了維他命 C 和食物纖維以外幾乎涵蓋所有營養，可說是完全營養食品。可以均衡攝取富含必需胺基酸的蛋白質。		可以直接冷凍或打成蛋汁再冷凍也很方便。做成煎蛋再冷凍的話要煎薄一點，用保鮮膜緊緊包好且密封較佳◎。		

保存期限 **2~3** 個月	生鮮冷凍	○	川燙冷凍	×	基礎調味冷凍	○
	加水冰凍	×	烹調後冷凍	○	烹調前冷凍	○

可以生鮮冷凍！做好雞蛋料理再冷凍也很方便。

雞蛋

冷凍法 **1**

基礎調味冷凍

用鋁箔杯來分裝就很好用！

打造味噌床底

在鋁箔杯中塗抹大約 1/2 大匙左右的味噌，以適當大小的廚房紙巾盛裝一個蛋黃後放進鋁箔杯。

塗抹味噌後冷凍

塗抹等量味噌在廚房紙巾上，放在蛋黃上，總共做 6 個。平放在保存容器中，蓋上保鮮膜後蓋上蓋子冷凍。

建議解凍 & 烹調方法

冷藏庫解凍

可以放在白飯上，或做成肉串風格

解凍後可以做成雞蛋拌飯或與雞絞肉、剁碎的長蔥、太白粉攪拌在一起做成雞絞肉串。

冷凍法 2　生鮮冷凍（蛋汁）

打成蛋汁再冷凍也 OK ！

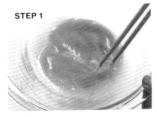

STEP 1

打蛋
將蛋打入大碗中，用筷子打成蛋汁。

STEP 2

裝入保存容器中冷凍
直接裝入保存容器中，蓋上蓋子確實密封後冷凍。

建議解凍 & 烹調方法

冷藏庫解凍　| **解凍後製作蛋包**
解凍後的蛋汁攪拌均勻後調味，製作成蛋包。

冷凍法 3　生鮮冷凍（只有蛋白）

多出來的蛋白也冷凍起來就不會浪費掉了

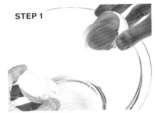

STEP 1

將蛋白和蛋黃分開
蛋打出來之後不要打散，把蛋黃和蛋白分開。

STEP 2

裝入保存容器中冷凍
直接裝入保存容器中，蓋上蓋子確實密封後冷凍。

建議解凍 & 烹調方法

冷藏庫解凍　| **解凍後做成蛋白霜**
解凍後的蛋白加入砂糖打發，做成蛋白霜。

MEMO

雞蛋可以連殼一起冷凍嗎？

以前大家都說生雞蛋直接冷凍是 NG 的，但最近的研究發現蛋黃的口感會因此而改變，能夠品嘗到不同美味，所以也推薦大家試試看，可以整盒拿去冷凍。解凍方法和烹調方法請參考 P145。

冷凍法 4

分裝後冷凍，使用起來很方便！

STEP 1

製作炒蛋
製作炒蛋並靜置冷卻。

STEP 2

用保鮮膜緊緊包好
用保鮮膜緊緊包好後裝入保鮮袋中，擠出空氣後密封冷凍。

建議解凍 & 烹調方法

微波爐解凍

解凍後直接享用

將冷凍過的炒蛋微波加熱，直接享用，亦可和雞絞肉一起做成丼飯。

做成炒蛋再冷凍

冷凍法 5

切開再冷凍就能作為便當配菜！

STEP 1

製作薄一點的煎蛋
煎的時候盡量不要做太厚，靜置冷卻。

STEP 2

用保鮮膜緊緊包好
用保鮮膜緊緊包好後裝入保鮮袋中，擠出空氣後密封冷凍。

建議解凍 & 烹調方法

微波爐解凍

解凍後直接享用

將冷凍過的煎蛋微波加熱，直接享用。

做成煎蛋後冷凍

冷凍法 6

可以配合用途來調整大小！

STEP 1

製作蛋包
製作一人份的蛋包並靜置冷卻，亦可做成便當用的大小。

STEP 2

用保鮮膜緊緊包好
用保鮮膜緊緊包好後裝入保鮮袋中，擠出空氣後密封冷凍。

建議解凍 & 烹調方法

微波爐解凍

解凍後直接享用

將冷凍過的蛋包微波加熱後，直接享用。

做成蛋包冷凍

冷凍法 7

做成蛋皮後冷凍

可以用來做蛋包飯或切細絲做成蛋絲！

STEP 1

製作蛋皮

製作蛋皮並靜置冷卻，夾著保鮮膜疊起來。

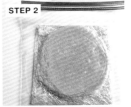

STEP 2

用保鮮膜緊緊包好

用保鮮膜緊緊包好裝入保鮮袋中，擠出空氣後密封冷凍。

建議解凍 & 烹調方法

流水、冷藏庫解凍

解凍後拿來做蛋包飯

把需要的蛋皮解凍後用來包裹雞肉炒飯等做成蛋包飯。

冷凍法 8

做成蛋絲後冷凍

只想少量當成點綴時的選擇◎

STEP 1

製作蛋絲

將冷卻後的蛋皮排好疊在一起，切細絲做成蛋絲。

STEP 2

用保鮮膜緊緊包好

用保鮮膜緊緊包好裝入保鮮袋中，擠出空氣後密封冷凍。

建議解凍 & 烹調方法

冷藏庫解凍

解凍後製作散壽司

將解凍後的蛋絲撒在散壽司上。

MEMO

不能將冷凍的蛋直接放進便當裡面攜帶嗎？

煎蛋如果不要煎太厚，做薄一點冷凍就能維持其美味，但維持冷凍狀態放入便當攜帶卻 NG。這是因為自然解凍會讓口感變差，所以建議視情況用冷藏庫解凍、微波爐解凍或泡在熱水裡解凍都可以。

冷凍法 9　做成雞蛋沙拉後冷凍

可以直接吃也能夾在麵包裡！

STEP 1

製作雞蛋沙拉
將水煮蛋剁碎，用鹽巴、胡椒和美乃滋調味。

STEP 2

裝入保鮮袋中冷凍
直接裝入保鮮袋，擠出空氣後密封冷凍。

建議解凍 & 烹調方法

冷藏庫解凍

解凍後製作雞蛋沙拉三明治
將解凍後的雞蛋沙拉攪拌均勻，夾在麵包裡面做成雞蛋沙拉三明治。

冷凍法 10　做成塔塔醬後冷凍

用來搭配煎或炸的肉類或魚類！

STEP 1

製作塔塔醬
將醃黃瓜和西洋芹等配料剁碎，與雞蛋一起製作成塔塔醬。

STEP 2

裝入保鮮袋中冷凍
直接裝入保鮮袋，擠出空氣後密封冷凍。

建議解凍 & 烹調方法

冷藏庫解凍

解凍後搭配油炸料理
將解凍後的塔塔醬攪拌均勻，用來搭配油炸料理。

MEMO

可以直接冷凍水煮蛋嗎？

水煮蛋用來包便當或做成沙拉很方便，但是如果直接冷凍的話，蛋白會變成海綿一般的口感，因此不適合。不過先切碎做成沙拉之類的東西，就不會太在意那種口感變化，照樣能享用。

冷凍雞蛋的解凍烹調技巧

學會美味享用的方法順利地把雞蛋完全利用吧。

冷凍雞蛋的口感會不太一樣，但你能發現新的美味

冷凍的雞蛋如果放在冷藏庫解凍，蛋白雖然會恢復原狀，但是蛋黃的口感會變得相當黏稠、味道也較為濃郁。這是由於蛋黃中的蛋白質相互結合，導致其內部結構產生變化所致。

用冷凍雞蛋做 **荷包蛋**

蛋白部分無異於一般雞蛋，但是蛋黃在加熱的時候會維持球狀，不會變成半熟流動狀態，而是呈現黏稠有彈性的質地。

將冷藏庫解凍完成的冷凍蛋，打到已經抹油的平底鍋上。

添加少量水後蓋上蓋子加熱 2 分鐘。

蛋白煎起來的樣子和沒有冷凍的雞蛋一樣，但是蛋黃會變得黏黏的！

用冷凍雞蛋做 **醃漬蛋**

冷凍雞蛋的蛋黃很容易入味，這是因為解凍後蛋黃膜會受損，調味料很容易滲透進去。

將冷藏庫解凍完成的冷凍蛋打出來後取出蛋黃。

裝入保存容器中，添加適量醬油浸泡半天～一晚。當天內就吃完。

主要營養與功效	冷凍 memo
牛奶當中含有的鈣質具有抑制神經興奮、使其穩定的功效，維他命 B_2 則有助於身體發育成長。	倒入冰凍盒分裝後冷凍，或做成白醬冷凍也相當方便使用。直接冷凍的話，在使用前要搖勻。

保存期限						
6個月～**1**年	直接冷凍	○	川燙冷凍	✕	基礎調味冷凍	✕
	加水冰凍	✕	烹調後冷凍	○	烹調前冷凍	✕

牛奶

解凍後搖勻就恢復原狀了！
也建議可以做成白醬。

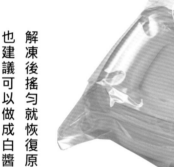

冷凍法 1

裝入保存容器中冷凍

如果要大量使用就裝入保存容器中保存！

裝入保存容器中冷凍

將容易使用的份量裝入容器至八分滿，蓋上保存容器的蓋子緊緊密封，再裝入保鮮袋中冷凍。

建議解凍 & 烹調方法

冰水、冷藏庫解凍

解凍後做成白醬燉煮料理

解凍後的牛奶要搖勻再使用，可以和其他材料一起燉煮成白醬料理。

冷凍法 **2**

裝入冰凍盒中冷凍

想少量慢慢使用的話用冰凍盒很方便！

STEP 1

倒入冰凍盒

將牛奶倒進有附蓋子的冰凍盒中，每格八分滿左右。

STEP 2

裝入保鮮袋中冷凍

蓋好冰凍盒的蓋子密封，裝入保鮮袋中冷凍。

建議解凍 & 烹調方法

冰水、冷藏庫解凍

解凍後用來做餅乾

將解凍後的牛奶拌勻，和其他材料混合之後用烤箱烤成餅乾。

冷凍法 **3**

做成白醬後冷凍

製作一些起來放要用的時候很方便！

STEP 1

製作白醬

使用奶油、麵粉和牛奶等材料製作白醬，靜置到完全冷卻。

STEP 2

裝入保鮮袋中冷凍

裝入保鮮袋中，擠出空氣後密封冷凍。

建議解凍 & 烹調方法

流水、冷藏庫解凍

解凍後製作焗烤料理

將解凍的白醬倒在炒過的食材上，後用烤箱製作焗烤料理。

MEMO

可調整營養均衡的優秀食物

牛奶富含鈣質等礦物質，是能夠使人體營養均衡的優秀飲品，相當受人重視。由於保存期限並不長，因此沒辦法馬上喝完的話，建議大家趕快冷凍起來。

主要營養與功效	冷凍 memo
奶油含有維他命 A、能夠促進鈣質吸收的維他命 D；起司為高蛋白食材，含有鈣質、維他命 A 以及 B₂。	起司根據其種類與用途來冷凍；奶油先分成容易使用的份量，每個都用保鮮膜分別包起來就能長期保存。

保存期限 **6**個月～**1**年	直接冷凍	○	川燙冷凍	×	基礎調味冷凍	×
	加水冰凍	×	烹調後冷凍	×	烹調前冷凍	×

奶油、起司

奶油先分裝後再冷凍。
起司依據種類改變冷凍方法！

冷凍法 **1**

冷凍 奶油分成每 10g 一塊

切成單次使用份量後冷凍◎

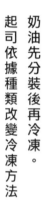

**一個一個
包起來冷凍**

切成每 10g 一塊，每塊分別用保鮮膜包起來。裝入保鮮袋中，擠出空氣後密封冷凍。

建議解凍 & 烹調方法

**維持冷凍、
冷藏庫解凍**

用來煎或炒

將維持冷凍（或解凍後）的奶油直接加熱，用來煎或拌炒食材。

冷凍法 **2**

起司直接冷凍

記得根據起司種類以不同方式冷凍！

留在容器中冷凍

開封前的起司粉請連同容器一起放進冷凍庫；開封後就裝進保鮮袋裡，擠出空氣後密封冷凍。

維持個別包裝冷凍

保留起司片原本的個別包裝，然後裝進保鮮袋中，擠出空氣後密封冷凍。如果包裝掉了就用保鮮膜包起來。

裝入保鮮袋中冷凍

披薩用起司裝入保鮮袋中，擠出空氣後密封冷凍，亦可用保鮮膜分裝後包起來。

切小塊後用保鮮膜包起來冷凍

如果是比較硬的起司，就先切好再用保鮮膜緊緊包好裝入保鮮袋，擠出空氣後密封冷凍。

建議解凍 & 烹調方法

維持冷凍、冷藏庫解凍

亦可製作起司吐司片

將維持冷凍（或解凍後）的起司放在麵包上做成起司吐司片。

MEMO

根據起司種類以不同方式冷凍

起司種類繁多，請根據其種類以不同方式冷凍。披薩用起司就算冷凍後也很容易剝開，所以特別適合冷凍。奶油要注意結露問題，亦可一個一個用保鮮膜包起來。

主要營養與功效	冷凍 memo
鮮奶油的脂肪量相當高，但是富含維他命 A，可以維持黏膜與肌膚的健康，也能阻礙細菌作用。	建議添加砂糖做成發泡奶油後再冷凍。維持冷凍狀態直接放在咖啡上做成維也納咖啡，亦可放入紅茶當中做成奶茶。

保存期限 **2~3** 星期	直接冷凍	×	川燙冷凍	×	基礎調味冷凍	○
	加水冰凍	×	烹調後冷凍	×	烹調前冷凍	×

鮮奶油

做成發泡奶油可以防止油水分離，鮮奶油一定要打發了再冷凍！

冷凍法 1　打發後冷凍

STEP 1

»

STEP 2

添加砂糖打發
添加砂糖後將鮮奶油完全打發。

裝入保鮮袋中冷凍
直接裝入保鮮袋中，擠出空氣後密封冷凍。

建議解凍 & 烹調方法

冰水、冷藏庫解凍　| **解凍後用來妝點蛋糕**
解凍後的鮮奶油可以用來裝飾蛋糕，請不要使用流水解凍。

冷凍法 2　打發後冷凍（擠花）

STEP 1

»

STEP 2

擠花到保存容器中
將打發的鮮奶油用擠花器擠到保存容器中，蓋上蓋子放進冷凍庫。

裝入保鮮袋中冷凍
等到結凍後全部裝進保鮮袋裡，擠出空氣後密封冷凍。

建議解凍 & 烹調方法

維持冷凍、冷藏庫解凍　| **放在咖啡或紅茶上**
將冷凍狀態（或解凍後）的鮮奶油放在咖啡上，亦可加入紅茶中。

主要營養與功效	冷凍 memo
優格是發酵食品，可以促進礦物質吸收，對整腸相當有效，另富含蛋白質以及鈣質等。	無糖優格直接冷凍的話會導致油水分離，因此是 NG 的作法。加糖或低糖優格不會油水分離，因此整杯直接放入冷凍庫也沒問題◎。

保存期限 **4～6** 星期				
	直接冷凍 ×	川燙冷凍 ×	基礎調味冷凍 ○
	加水冰凍 ×	烹調後冷凍 ×	烹調前冷凍 ×

冷凍法 1　添加果醬後冷凍

STEP 1

STEP 2

》

添加果醬

添加果醬或砂糖後將無糖優格攪拌均勻。

裝入保存容器中冷凍

直接裝入保存容器中，確實蓋好蓋子密封冷凍。

建議解凍 & 烹調方法

維持冷凍、冷藏庫解凍	**直接享用** 冷凍狀態也能直接享用，或解凍後享用亦可。

冷凍法 2　做成優格冰冷凍

STEP 1

STEP 2

》

製作優格冰

添加砂糖或鮮奶油等做成優格冰。

裝入保存容器中冷凍

直接裝入保存容器中，確實蓋好蓋子密封冷凍。

建議解凍 & 烹調方法

維持冷凍	**冷凍狀態下直接享用** 直接當成吃冰來享用冷凍狀態的優格，亦可加上水果。

優格

加點甜味就能防止油水分離！

當成冰來吃也相當美味。

凍傷的原因為何？

原因就在於
開開關關冷凍庫
造成溫度上升

大家有沒有遇過明明都冷凍了，但過段時間後東西的表面卻結霜或變乾呢？這種現象就稱為「凍傷」，原因是經常開關冷凍庫，造成冷凍庫內的溫度上升，進而導致食材變乾，蒸發的水分結凍後就成為「霜」，抑或是食物的蛋白質和脂質氧化變質形成「凍傷」。為了防止這些現象，最重要的就是用保鮮膜將東西緊緊包好，避免它們接觸空氣以維持真空狀態。請避免以原本的包裝或袋子直接冷凍，也不宜在保存容器尚有空隙的情況下就放進冷凍庫。

PART 3

蔬菜

冷凍保存 & 解凍技巧

蔬菜的水分多，冷凍訣竅就在此！
只要學會了適當的冷凍方法，就連容易受損
的蔬菜也能夠維持新鮮度享用。這樣可以減
少食物浪費，絕對是家計的得利助手。

Q

青花菜的正確冷凍方法為何？

B
川燙冷凍
》冷藏庫解凍

冷凍 & 解凍方法
快速川燙至略帶硬度，直接裝入保鮮袋中密封冷凍。冷藏庫解凍。

溼答答的！

△

水分和營養都跑掉了，而且溼答答的！

A
生鮮冷凍
》冷藏庫解凍

冷凍 & 解凍方法
以原先新鮮狀態直接裝入保鮮袋中密封冷凍。冷藏庫解凍。

散發青草臭味且不好吃！

NG!

✕

變色又發臭，根本就不能吃。

青花菜的美味
取決於解凍方法

所有蔬菜當中，青花菜是特別適合冷凍的蔬菜，但是為了要保留其營養、而且還要冷凍後依然美味，要選擇哪種冷凍＆解凍方法呢？首先比較直接冷凍和川燙冷凍，解凍方法會造成口味和口感上極大差異。以結果來說，最好吃的就是川燙冷凍✕維持冷凍狀態去煮來解凍。這樣

154

D

川燙冷凍

》維持冷凍狀態水煮

冷凍＆解凍方法

快速川燙至略帶硬度，直接裝入保鮮袋中密封冷凍。維持冷凍狀態直接水煮解凍。

水嫩又新鮮！

OK!

水嫩口感能感受到原本的新鮮度。

C

生鮮冷凍

》維持冷凍狀態水煮

冷凍＆解凍方法

以原先新鮮狀態直接裝入保鮮袋中密封冷凍。維持冷凍狀態直接水煮解凍。

口感很棒很好吃！

OK!

口感會完全保留所以很好吃。

會保留青花菜原先的清甜與口感，吃起來相當美味。

接下來還可以嘗試的就是生鮮冷凍×維持冷凍狀態水煮解凍。這麼做也能夠保留口感，雖然會有一點菜味留下但還可以接受◎。

另一方面，用冷藏庫解凍的青花菜不管怎樣都會變得水水的，口感很糟糕。

尤其是生鮮冷凍後又放進冷藏庫解凍的青花菜，應該會臭到根本無法下嚥。

Q 小黃瓜的正確冷凍方法為何？

B 切薄片與鹽巴搓揉後冷凍

冷凍 & 解凍方法
切成薄片，與鹽巴搓揉後直接裝入保鮮袋中密封冷凍。冷藏庫解凍。

爽脆可口！

OK! ○

口感仍然爽脆，可以美味享用。

A 直接冷凍

冷凍 & 解凍方法
直接裝入保鮮袋中密封冷凍。冷藏庫解凍。

軟趴趴！

NG! ✕

因為水分變得軟趴趴，口感也很差。

小黃瓜應該要切成薄片後用鹽巴揉一揉！

小黃瓜是能夠生吃的蔬菜，其組成成分有95%以上是水分，因此有著水嫩又爽脆的美味口感。小黃瓜雖然可以冷凍，但必須切成薄片後用鹽巴搓揉過再冷凍。如此一來，鹽巴不僅會入味，還能夠排出多餘的水分、保留爽脆口感。如果整條直接放進冷凍庫，口感就會變得軟趴趴，請盡量避免這樣做。

Q

蘆筍的正確冷凍方法為何？

A 整根直接冷凍

冷凍 & 解凍方法
整條快速川燙後切成一半，直接裝入保鮮袋中密封冷凍。冷藏庫解凍。

有筋而且軟綿綿！

NG! ✕

筋還留著，口感卻變得軟綿綿。

B 切成 3cm 長再冷凍

冷凍 & 解凍方法
快速川燙後切成 3cm 長，直接裝入保鮮袋中密封冷凍。冷藏庫解凍。

口感和風味都能保留！

OK! ○

留下原先的風味和口感，可以美味享用。

蘆筍應該要切成 3cm 長再冷凍

蘆筍非常容易受損，因此沒辦法馬上吃完的時候最好冷凍保存。這種情況下，建議要先川燙過再冷凍。而重點其實是在於冷凍時的長度。蘆筍的水分很多，如果維持一定長度進行冷凍，解凍時就會留下原先的筋，還會變得軟綿綿。切成 3cm 長的話，口感和風味都能保存下來。

主要營養與功效	冷凍 memo
富含日文中稱為高麗菜酸的 MMSC，亦即維他命 U，具有調整腸胃黏膜的功效，也富含能夠促進鐵質吸收的維他命 C。	加入鹽巴搓揉冷凍時能排出水分而保留其爽脆口感，解凍後可以直接用來做沙拉或冷盤，相當方便。

保存期限 **4～6**星期	生鮮冷凍 ○	川燙冷凍 ○	基礎調味冷凍 ○
	加水冰凍 ×	烹調後冷凍 ○	烹調前冷凍 ×

高麗菜

可以川燙冷凍或調味後冷凍。
翻炒後再冷凍也 OK！

冷凍法 1

用鹽巴搓揉後冷凍

擰乾水分後保存起來！

STEP 1

切絲後用鹽巴搓揉
切成絲後用鹽巴搓揉，靜置一段時間後擰乾水分。

STEP 2

用保鮮膜緊緊包好
用保鮮膜緊緊包好，裝入保鮮袋中，擠出空氣後密封冷凍。

建議解凍 & 烹調方法

流水、冷藏庫解凍

解凍後製作沙拉

解凍後的高麗菜擰乾水分再進行調味。

冷凍法 **2**

快速川燙後冷凍

體積會縮減，大量高麗菜也容易保存！

STEP 1

快速川燙

切成小片後快速川燙，用冰水冰鎮過後仔細擦乾。

STEP 2

用保鮮膜緊緊包好

用保鮮膜緊緊包好，裝入保鮮袋中，擠出空氣後密封冷凍。

建議解凍＆烹調方法

流水、冷藏庫、微波爐解凍

解凍後製作食物

解凍後的高麗菜便可調味，亦可微波加熱後再調味。

冷凍法 **3**

快速翻炒後冷凍

活用在溫沙拉或湯品中！

STEP 1

快速翻炒

切成容易入口的大小，用沙拉油快炒一下後靜置冷卻。

STEP 2

用保鮮膜緊緊包好

用保鮮膜緊緊包好，裝入保鮮袋中，擠出空氣後密封冷凍。

建議解凍＆烹調方法

維持冷凍

維持冷凍狀態製作湯品

將冷凍狀態的高麗菜放入沸騰的湯頭中，蓋上鍋蓋熬煮，亦可添加火腿或培根。

冷凍法 **4**

生鮮冷凍

清洗後直接冷凍最為簡單！

STEP 1

切成一口大小

切成容易食用的大小後仔細擦乾。

STEP 2

直接裝入保鮮袋

直接裝入保鮮袋中，擠出空氣後密封冷凍。

建議解凍＆烹調方法

維持冷凍

維持冷凍狀態進行拌炒或燉煮

將冷凍狀態的高麗菜與其他喜歡的蔬菜一起拌炒，或搭配海鮮燉煮做成燉湯。

主要營養與功效	冷凍 memo
富含能夠預防感冒的維他命 C、可排出多餘鹽分的鉀，以及幫助鈣質吸收的維他命 K 等營養素。	鹽巴搓揉後冷凍或川燙至略帶硬度再冷凍都 OK ◎。建議維持冷凍狀態直接放入湯品或火鍋當中烹調。

保存期限 **4~6** 星期	生鮮冷凍	○	川燙冷凍	○	基礎調味冷凍	○
	加水冰凍	×	烹調後冷凍	○	烹調前冷凍	×

白菜

很難一次用完一整顆的話，趁著菜還新鮮時川燙冷凍最合適◎。

冷凍法 **1**

可以炒、煮或作為湯品的材料！

快速翻炒後冷凍

快速翻炒後冷凍

切成一口大小，用沙拉油快速翻炒後，靜置到完全冷卻，用保鮮膜緊緊包好裝入保鮮袋中，擠出空氣後密封保存。

建議解凍 & 烹調方法

維持冷凍

維持冷凍狀態做成拌炒料理

將冷凍狀態的白菜放入沸騰的滷汁中，蓋上鍋蓋做成料理。

冷凍法 **2** 鹽巴搓揉後冷凍

可以用在湯品、沙拉或涼拌菜上!

STEP 1

»

用鹽巴搓揉

切成小片用鹽巴搓揉,靜置一段時間後仔細擰乾水分。

STEP 2

用保鮮膜緊緊包好

用保鮮膜緊緊包好,裝入保鮮袋中,擠出空氣後密封冷凍。

建議解凍 & 烹調方法

維持冷凍

維持冷凍狀態製作湯品

將冷凍狀態的白菜放入沸騰的湯頭中,蓋上鍋蓋熬煮。

冷凍法 **3** 快速川燙後冷凍

煮過後體積變小易於保存!

STEP 1

»

快速川燙

切成小片後快速川燙一下,以冰水冰鎮,仔細擰乾水分。

STEP 2

用保鮮膜緊緊包好

用保鮮膜緊緊包好,裝入保鮮袋中,擠出空氣後密封冷凍。

建議解凍 & 烹調方法

維持冷凍

維持冷凍狀態製作火鍋料理

將冷凍狀態的白菜放入沸騰的高湯中,蓋上鍋蓋熬煮。

冷凍法 **4** 生鮮冷凍

記得擦乾後再冷凍!

STEP 1

»

切成一口大小

隨意切成容易入口的大小後,仔細擦乾水分。

STEP 2

直接裝入保鮮袋

直接裝入保鮮袋中,擠出空氣後密封冷凍。

建議解凍 & 烹調方法

維持冷凍

維持冷凍狀態製作湯品或炒菜

將冷凍狀態的白菜放入沸騰的湯中或添加喜愛的蔬菜拌炒。

主要營養與功效	冷凍memo
南瓜富含維他命 E，具有抗氧化的功效，除了能夠防止皮膚的斑點與皺紋增加外，亦可預防生活習慣病◎。	基本上要加熱後再冷凍，同時由於冷凍前先微波加熱或水煮過，已經是熟了的狀態，所以能夠直接用來製作料理。

保存期限 **2～3** 個月	生鮮冷凍	×	川燙冷凍	○	基礎調味冷凍	×
	加水冰凍	×	烹調後冷凍	○	烹調前冷凍	×

南瓜

加熱後再冷凍！

切成容易使用的形狀再冷凍很方便。

冷凍法 **1**

微波加熱後冷凍（一口大小）

想運用在最常見的燉煮料理中，那就切成一口大小！

建議解凍 & 烹調方法

維持冷凍

用微波爐加熱後再冷凍

切成一口大小微波加熱，大約是 100g 加熱 2 分鐘左右。加熱後的南瓜用保鮮膜緊緊包好，裝入保鮮袋中，擠出空氣後密封冷凍。

維持冷凍狀態製作燉煮料理

將冷凍狀態的南瓜放入滷汁中，蓋上蓋子熬煮。

冷凍法 **2**

微波加熱後冷凍（壓成泥）

可以製作沙拉或可樂餅！

STEP 1

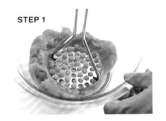

壓成泥

南瓜微波加熱後去皮，壓成泥並靜置到完全冷卻。

》

STEP 2

裝入保鮮袋中冷凍

將南瓜泥直接裝入保鮮袋中，擠出空氣後密封冷凍。

建議解凍 & 烹調方法

流水、冷藏庫、微波爐解凍

解凍後用來製作沙拉
為解凍的南瓜泥調味或微波加熱後再調味。

冷凍法 **3**

煎過再冷凍

搭配肉類或魚類，增添料理色彩！

STEP 1

下鍋油煎

將南瓜切成厚片，用沙拉油煎出一點顏色後，靜置到完全冷卻。

》

STEP 2

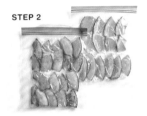

用保鮮膜緊緊包好

用保鮮膜緊緊包好，裝入保鮮袋中，擠出空氣後密封冷凍。

建議解凍 & 烹調方法

熱水解凍

維持冷凍狀態調味後享用
將冷凍狀態的南瓜整袋泡在熱水中，瀝乾調成自己喜歡的口味。

MEMO

維持冷凍狀態烹調就能防止煮爛

南瓜中間的棉絮處很容易受損，因此冷凍前請先拿掉種子和棉絮。如果要使用在燉煮料理中的話，就不要解凍，直接使用冷凍狀態的南瓜就可以避免煮爛。

白蘿蔔、蕪菁

主要營養與功效			冷凍 memo		
蘿蔔富含的異硫氰酸酯有促進食慾的效果，而蘿蔔和蕪菁的葉子都含有 β 胡蘿蔔素和維他命 C 等，營養豐富。			最好配合用途改變切的方式冷凍較佳◎。葉子亦可冷凍，建議毫不浪費全部使用，亦可磨成蘿蔔泥後再冷凍。		

保存期限 4～6 星期	生鮮冷凍 ○	川燙冷凍 ○	基礎調味冷凍 ×
	加水冰凍 ×	烹調後冷凍 ○	烹調前冷凍 ×

根據烹調方式切成不同形狀進行冷凍比較方便。也推薦加熱後再冷凍！

冷凍法 1　白蘿蔔水煮至略帶硬度後冷凍

先煮過一遍，使用的時候就能快速完成料理！

水煮至略帶硬度後冷凍

切成三角片狀，水煮至略帶硬度後以冰水冰鎮，擦乾後用保鮮膜緊包好，裝入保鮮袋中，擠出空氣後密封冷凍。

建議解凍 & 烹調方法

維持冷凍

維持冷凍狀態製作燉煮料理

將冷凍狀態的蘿蔔放進沸騰的滷汁中，蓋上鍋蓋燉煮。

冷凍法 2 蕪菁 水煮至略帶硬度後冷凍

連同葉子也能一起運用在味噌湯裡！

STEP 1

»

STEP 2

水煮至略帶硬度後冷凍

切成梳狀，水煮至略帶硬度後擦乾水分。

用保鮮膜緊緊包好

用保鮮膜緊緊包好，裝入保鮮袋中，擠出空氣後密封冷凍。

建議解凍 & 烹調方法

維持冷凍 | **維持冷凍狀態製作味噌湯**
將冷凍狀態的蕪菁放入沸騰的高湯中，蓋上鍋蓋熬煮。

冷凍法 3 葉片 快速川燙後冷凍

沒用完的葉子也不要浪費！

STEP 1

»

STEP 2

快速川燙

用鹽水稍微川燙一下，冰鎮過後仔細擰乾水分，切成小段。

用保鮮膜緊緊包好

用保鮮膜緊緊包好，裝入保鮮袋中，擠出空氣後密封冷凍。

建議解凍 & 烹調方法

維持冷凍 | **維持冷凍狀態炒菜**
熱油後將冷凍狀態的葉子放入鍋中蓋上鍋蓋，解凍後添加其他材料拌炒。

MEMO

無論用哪種烹調方式都好吃的優秀食材

不管是用煮的、炒的或是醃漬，白蘿蔔和蕪菁都能夠活用在各種料理中。水分多，冷凍後也能夠保持其水嫩狀態。可以維持冷凍狀態直接使用，所以切的時候依照使用方法改變形狀進行保存，相當方便。

主要營養與功效	冷凍 memo
能夠維護皮膚與眼睛的健康，富含能夠保護喉嚨和鼻子等黏膜免於細菌攻擊的 β 胡蘿蔔素，另富含大量的鉀，具有防止水腫的效果。	建議在購買的當天就進行川燙冷凍。如果先用鹽水煮過或用奶油炒過再冷凍，就能夠在冷凍狀態下進行烹調，非常方便。

保存期限 **4~6** 星期	生鮮冷凍 ○	川燙冷凍 ○	基礎調味冷凍 ✕
	加水冰凍 ✕	烹調後冷凍 ○	烹調前冷凍 ✕

菠菜

川燙後再冷凍，就能用於涼拌菜、湯品等料理當中！

冷凍法 1

快速川燙後冷凍（一口大小）

已經去澀的菠菜能夠馬上用來做涼拌菜！

STEP 1

用鹽水煮過後擰乾

快速用鹽水川燙後再用冰水冰鎮，仔細擰乾水分。

STEP 2

切成一口大小後冷凍

切成一口大小並用保鮮膜緊緊包好，裝入保鮮袋中，擠出空氣後密封冷凍。

建議解凍 & 烹調方法

維持冷凍

維持冷凍狀態製作味噌湯

將冷凍狀態的菠菜放入沸騰的高湯中，蓋上鍋蓋熬煮，加入味噌。

冷凍法 2 快速川燙後冷凍（剁碎）

剁碎的菠菜很適合用來炒飯！

STEP 1

STEP 2

剁碎
快速用鹽水川燙一下後用冰水冰鎮，仔細擰乾後剁碎。

用保鮮膜緊緊包好
用保鮮膜緊緊包好，裝入保鮮袋中，擠出空氣後密封冷凍。

建議解凍 & 烹調方法

維持冷凍

維持冷凍狀態製作炒飯

熱油後將冷凍狀態的菠菜放入鍋中並蓋上鍋蓋，解凍後與其他材料拌炒。

冷凍法 3 快炒後冷凍

奶油風味香氣十足又美味！

STEP 1

STEP 2

快速翻炒
切大段後用奶油快炒，靜置到完全冷卻。

用保鮮膜緊緊包好
用保鮮膜緊緊包好，裝入保鮮袋中，擠出空氣後密封冷凍。

建議解凍 & 烹調方法

熱水、微波爐解凍

解凍後直接享用

將菠菜整袋泡在熱水裡，亦可用微波爐加熱。

冷凍法 4 生鮮冷凍

保留爽脆口感，能用在各種烹調方式中！

STEP 1

STEP 2

切大段
切成容易食用的大小後，仔細擦乾水分。

直接裝入保鮮袋
直接裝入保鮮袋中，擠出空氣後密封冷凍。

建議解凍 & 烹調方法

維持冷凍

維持冷凍狀態製作湯品或炒菜

將冷凍狀態的菠菜放入沸騰的湯鍋中或與其他喜愛的蔬菜拌炒。

主要營養與功效	冷凍 memo
小松菜富含鈣、鉀和鐵質，能夠保護黏膜免於細菌攻擊的 β 胡蘿蔔素，以及有助於美容的維他命 C。	苦澀的成分很少，所以能夠直接冷凍。只需要大致切一下就能放進保鮮袋中冷凍，可以在冷凍狀態下放入湯汁中燉煮。

保存期限 **4～6**星期	生鮮冷凍	○	川燙冷凍	○	基礎調味冷凍	×
	加水冰凍	×	烹調後冷凍	○	烹調前冷凍	×

冷凍法 1 ｜ 生鮮冷凍

切段後冷凍

大致切一下並仔細擦乾水分，直接裝入保鮮袋中密封冷凍。

建議解凍 & 烹調方法

維持冷凍	**維持冷凍狀態做成湯品或炒菜** 將冷凍狀態的小松菜放入湯頭或高湯內做成湯品，亦可拿去炒菜。

冷凍法 2 ｜ 快炒後冷凍

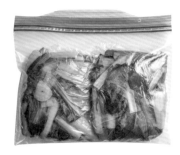

快炒後冷凍

大致切一下並用沙拉油和大蒜快炒後靜置冷卻，用保鮮膜緊緊包好，裝入保鮮袋中密封冷凍。

建議解凍 & 烹調方法

熱水、 微波爐解凍	**解凍後享用** 將冷凍狀態的小松菜整袋放在熱水中或微波加熱後享用。

小松菜

苦澀成分少的蔬菜非常適合冷凍。不管是生的或加熱後冷凍都OK！

主要營養與功效	冷凍 memo
富含 β 胡蘿蔔素與維他命 C，有助於維持黏膜和皮膚健康，對肌膚美容有益。此外，形成其氣味的大蒜素具有消除疲勞的功效。	不適合生鮮冷凍，切段後淋上熱水、簡單川燙一下再冷凍才是正確做法。用來做湯品或炒菜都很方便。

保存期限	**2～3** 星期	生鮮冷凍	✕	川燙冷凍	○	基礎調味冷凍	✕
		加水冰凍	✕	烹調後冷凍	✕	烹調前冷凍	✕

韭菜

要冷凍就不能加熱過頭或生鮮冷凍。

不要用煮的，熱水淋一下即可！

冷凍法 1 淋過熱水後冷凍（剁碎）

川燙冷凍
剁碎後用熱水淋一下，然後泡冰水。擦乾後用保鮮膜緊緊包好，裝入保鮮袋中密封冷凍。

建議解凍 & 烹調方法

維持冷凍	**製作餃子** 將冷凍狀態的韭菜和肉餡一起用餃子皮包起來製成餃子，韭菜在我們揉餡料的時候就會解凍了。

冷凍法 2 淋過熱水後冷凍（切大段）

川燙冷凍
切段後用熱水淋一下，然後泡冰水。擦乾後用保鮮膜緊緊包好，裝入保鮮袋中密封冷凍。

建議解凍 & 烹調方法

熱水、微波爐解凍	**解凍後作為涼拌菜** 將冷凍狀態的韭菜整袋放入熱水中，之後調味做成涼拌菜，亦可用微波爐加熱。

主要營養與功效	冷凍 memo
含有二烯丙基二硫，能使血液流動順暢，具有防止動脈硬化的效果。維他命 B_1 對於消除疲勞也相當有效◎。	冷凍後會提升其甜度，同時比較容易熟透；冷凍狀態下直接翻炒使用能節省烹調時間，也適合作為咖哩或漢堡排的配料。

保存期限 4～6 個月	生鮮冷凍	○	川燙冷凍	○	基礎調味冷凍	○
	加水冰凍	×	烹調後冷凍	○	烹調前冷凍	○

洋蔥

可以生鮮冷凍，用來做炒洋蔥也是一下子就可起鍋！存放一些炒成金黃色的洋蔥，即使要做正式的菜色也很容易。

冷凍法 1

微波加熱後剁碎

存放起來作為漢堡排的餡料！

STEP 1

剁碎

去皮水洗後仔細擦乾然後剁碎。

STEP 2

加熱後冷凍

放在耐熱大碗中微波加熱兩分鐘，冷卻後用保鮮膜緊緊包好，裝入保鮮袋中密封冷凍。

建議解凍 & 烹調方法

維持冷凍

維持冷凍狀態製作漢堡排

將冷凍狀態的洋蔥與肉餡攪拌在一起，搓揉的時候就會自然解凍了。

冷凍法 **2**

生鮮冷凍（剁碎）

新鮮狀態直接冷凍，用來做炒洋蔥只需五分鐘！

STEP 1

剁碎
去皮水洗後仔細擦乾然後剁碎。

STEP 2

用保鮮膜緊緊包好
用保鮮膜緊緊包好，裝入保鮮袋中，擠出空氣後密封冷凍。

建議解凍 & 烹調方法

維持冷凍 | **維持冷凍狀態直接製作炒洋蔥**
熱油後將冷凍狀態的洋蔥放入鍋中並蓋上鍋蓋，解凍後翻炒約 5 分鐘。

冷凍法 **3**

炒成金黃色後冷凍

因為很花時間，大量製作後冷凍！

STEP 1

仔細翻炒
將切成薄片的洋蔥用沙拉油慢慢炒到變成金黃色。

STEP 2

用保鮮膜緊緊包好
用保鮮膜緊緊包好，裝入保鮮袋中，擠出空氣後密封冷凍。

建議解凍 & 烹調方法

維持冷凍 | **維持冷凍狀態製作咖哩**
將冷凍狀態的洋蔥放入沸騰的湯頭中，蓋上鍋蓋熬煮，添加咖哩塊。

MEMO

加熱能夠帶出甘甜 | 洋蔥的主要成分是醣質，加熱能夠分解其辛辣成分，讓甘甜更上層樓。生吃的話有抗氧化作用，可以根據用途來區分冷凍的方法也很好。

主要營養與功效	冷凍 memo
富含 β 胡蘿蔔素，可以促進皮膚新陳代謝，對肌膚美容有益，也有助於維持眼睛正常運作，用油類烹調能提升營養吸收的效果。	生鮮冷凍或水煮時保留一點硬度的川燙冷凍，之後烹調起來就很方便。根據用途改變切的形狀或烹調後再冷凍都 OK ◎。

保存期限 **4～6** 星期	生鮮冷凍	○	川燙冷凍	○	基礎調味冷凍	×
	加水冰凍	×	烹調後冷凍	○	烹調前冷凍	×

紅蘿蔔

不管是生的或烹調後冷凍都可以◎。川燙冷凍的話之後便可輕鬆加熱烹調！

冷凍法 **1**

生鮮冷凍（切絲）

能夠用來炒或做成沙拉，用途廣泛！

STEP 1

切絲
水洗後擦乾、去皮，切成 4～5cm 長的細絲。

STEP 2

用保鮮膜緊緊包好
用保鮮膜緊緊包好，裝入保鮮袋中，擠出空氣後密封冷凍。

建議解凍 & 烹調方法

維持冷凍

維持冷凍狀態炒菜
熱油後將冷凍狀態的紅蘿蔔絲下鍋、蓋上鍋蓋，解凍後和其他材料拌炒。

冷凍法 2 水煮至略帶硬度後冷凍

適用於燉菜、咖哩等燉煮料理！

STEP 1

水煮至略帶硬度

切成三角片狀，水煮至略帶硬度後用冰水冰鎮，仔細擦乾水分。

»

STEP 2

用保鮮膜緊緊包好

用保鮮膜緊緊包好，裝入保鮮袋中，擠出空氣後密封冷凍。

建議解凍＆烹調方法

維持冷凍

維持冷凍狀態製作燉菜

熬煮其他材料，最後加入冷凍狀態的紅蘿蔔，蓋上鍋蓋燉煮。

冷凍法 3 糖漬後冷凍

用來搭配漢堡排等菜色再適合不過！

STEP 1

製作糖漬紅蘿蔔

切成三角條狀做成糖漬紅蘿蔔，靜置到完全冷卻。

»

STEP 2

用保鮮膜緊緊包好

用保鮮膜緊緊包好，裝入保鮮袋中，擠出空氣後密封冷凍。

建議解凍＆烹調方法

熱水、微波爐解凍

解凍後直接享用

將冷凍狀態的紅蘿蔔整袋泡進熱水裡，亦可用微波爐加熱。

MEMO

靠近皮的地方是營養寶庫！建議直接使用

富含大量具高抗氧化作用的 β 胡蘿蔔素，尤其是接近皮的地方，營養特別豐富。市售的許多紅蘿蔔都已經去皮，但可以的話最好是連皮一起使用，相當推薦冷凍保存。

主要營養與功效	冷凍 memo
牛蒡有豐富的食物纖維，可使血糖值上升時較為穩定，具有維持膽固醇數值正常的功效，也能夠促進排便預防便祕。	基本上炒至略帶硬度或川燙冷凍都可以。如果要燉煮或炒菜就維持冷凍狀態，要做成沙拉的話就解凍後再使用。

保存期限 **4~6** 星期	生鮮冷凍	×	川燙冷凍	○	基礎調味冷凍	×
	加水冰凍	×	烹調後冷凍	○	烹調前冷凍	×

牛蒡

改變切法保存起來很方便！

一次大量做好前置處理，再全部冷凍起來。

冷凍法 1

冷凍（切片）

水煮至略帶硬度後

麻煩的去澀工作一次做完就輕鬆了！

STEP 1

切片後水煮

切片後將牛蒡和醋放入沸騰的水中，水煮至略帶硬度。

» **STEP 2**

瀝乾後冷凍

放入冰水冰鎮，用篩網瀝乾後仔細擦乾水分，直接裝入保鮮袋中密封冷凍。

建議解凍 & 烹調方法

維持冷凍

維持冷凍狀態做成牛蒡炒菜

熱油後將冷凍狀態的牛蒡放入鍋中並蓋上鍋蓋，解凍後和其他材料拌炒。

174

冷凍法 **2**

（切絲）水煮至略帶硬度後冷凍

做成美乃滋沙拉也很美味！

STEP 1

水煮至略帶硬度

切絲後將牛蒡與醋放入沸騰的水中，水煮至略帶硬度後放入冰水冰鎮，仔細擦乾水分。

STEP 2

用保鮮膜緊緊包好

用保鮮膜緊緊包好，裝入保鮮袋中，擠出空氣後密封冷凍。

建議解凍 & 烹調方法

流水、冷藏庫解凍

解凍後製作沙拉

將解凍的牛蒡擦乾後進行調味。

冷凍法 **3**

炒至略帶硬度後冷凍

已經炒過的牛蒡做成燉煮料理會更入味！

STEP 1

炒至略帶硬度

斜切成薄片，用沙拉油翻炒至略帶硬度，靜置到完全冷卻。

STEP 2

用保鮮膜緊緊包好

用保鮮膜緊緊包好，裝入保鮮袋中，擠出空氣後密封冷凍。

建議解凍 & 烹調方法

維持冷凍

維持冷凍狀態製作燉煮料理

將冷凍狀態的牛蒡放入沸騰的滷汁當中，蓋上鍋蓋熬煮。

MEMO

**不讓營養流失
做完前置處理再冷凍**

由於牛蒡的皮富含營養成分，因此用水洗的時候只要把泥土沖掉即可◎。去澀的時候也會流失營養成分，因此速度要快一些。就算冷凍也不會喪失營養成分，有利於長期保存。

主要營養與功效	冷凍 memo
黏稠的成分來自於黏液素，具有預防老化以及排除便秘的功效，同時含有會隨年齡增長而減少的葡萄糖胺，有助於維持軟骨健康。	基本上需要先用鹽巴搓揉過再川燙冷凍。由於可以同時去絨毛和髒汙，因此水煮後要仔細擦乾。

保存期限 **4~6** 星期	生鮮冷凍 ○	川燙冷凍 ○	基礎調味冷凍 ×
	加水冰凍 ×	烹調後冷凍 ×	烹調前冷凍 ×

秋葵

可以妝點在沙拉上或做成涼拌菜。

稍微放在砧板上用鹽巴搓揉後川燙冷凍！

冷凍法 1

快速川燙後冷凍（1cm寬）

可用於沙拉或涼拌菜等，用途廣泛！

STEP 1

用鹽巴搓揉後水煮

將秋葵放在砧板上灑鹽後輕輕滾幾下，快速燙一下後用冰水冰鎮，仔細擦乾水分。

STEP 2

直接裝入保鮮袋

切成 1cm 寬後直接裝入保鮮袋中，擠出空氣後密封冷凍。

建議解凍 & 烹調方法

流水、冷藏庫解凍

解凍後製作涼拌菜

將解凍後的秋葵擦乾調味。

冷凍法 2　快速水煮後冷凍（整條）

炒菜、燉煮料理或湯品都能使用！

STEP 1

用鹽巴搓揉後水煮

將秋葵放在砧板上灑鹽後輕輕滾幾下，水煮大約 20 ～ 30 秒。

STEP 2

裝入保鮮袋中冷凍

放入保鮮袋時並排不要疊放，擠出空氣後密封冷凍。

建議解凍 & 烹調方法

流水、冷藏庫解凍　|　**解凍後做成炒菜**
將解凍後的秋葵切一切，加入喜歡的蔬菜拌炒。

冷凍法 3　快速水煮後冷凍（剁碎）

放在蕎麥麵或涼拌豆腐上，亦可和梅肉拌在一起！

STEP 1

鹽水川燙後敲碎

用鹽水川燙後切成 1cm 寬，再用菜刀剁更碎一點。

STEP 2

用保鮮膜緊緊包好

用保鮮膜緊緊包好，裝入保鮮袋中，擠出空氣後密封冷凍。

建議解凍 & 烹調方法

流水、冷藏庫解凍　|　**解凍後放在蕎麥麵上**
依需要的份量進行解凍後放在蕎麥麵上。

MEMO

吃不完的話就冷凍保存起來

秋葵非常怕濕氣，最好是趕快用完，建議沒有馬上吃完的都要冷凍保存。冷凍的時候先用鹽巴搓一下可以去毛增加口感。煮至略帶硬度的狀態，川燙後冷凍起來吧。

主要營養與功效	冷凍 memo
玉米富含維他命 B_1、E 和鉀等營養。因為含有碳水化合物，故可作為是能量來源，食物纖維也有整腸功效。	鮮度非常不容易維持，因此建議購買後立刻水煮冷凍。配合用途改變切法，或取下玉米粒後再冷凍比較方便。

保存期限 6～9 星期	生鮮冷凍	✕	川燙冷凍	○	基礎調味冷凍	✕
	加水冰凍	✕	烹調後冷凍	○	烹調前冷凍	✕

玉米

冰箱裡有玉米，感覺很萬用！最好趁新鮮的時候水煮冷凍起來！

冷凍法 1

水煮至略帶硬度後冷凍（2cm 寬）

填補便當空隙的絕佳選擇！

切成 2cm 寬冷凍

用鹽水煮至略帶硬度後冰鎮，仔細擦乾後切成 2cm 寬。裝入保鮮袋時不要疊放，擠出空氣後密封冷凍。

建議解凍 & 烹調方法

維持冷凍

維持冷凍狀態下鍋油煎

熱油後將冷凍狀態的玉米放入鍋中並蓋上鍋蓋，開中火煎。

冷凍法 2　（僅玉米粒）煮至略帶硬度後冷凍

製作沙拉、湯品或炒菜時都能輕鬆用上！

STEP 1

鹽水煮過後取下玉米粒

用鹽水煮至略帶硬度後以冰水冰鎮，擦乾水分後用菜刀切下玉米粒。

STEP 2

用保鮮膜緊緊包好

用保鮮膜緊緊包好，裝入保鮮袋中，擠出空氣後密封冷凍。

建議解凍＆烹調方法

流水、冷藏庫解凍　｜　**解凍後用來製作沙拉**
將解凍的玉米粒擦乾後進行調味。

冷凍法 3　快炒後冷凍

奶油風味與玉米甘甜超對味！

STEP 1

鹽水川燙後快炒

用鹽水川燙後撥下玉米粒，再用奶油快炒，靜置到完全冷卻。

STEP 2

用保鮮膜緊緊包好

用保鮮膜緊緊包好，裝入保鮮袋中，擠出空氣後密封冷凍。

建議解凍＆烹調方法

流水、冷藏庫、微波爐解凍　｜　**解凍後直接享用**
只需要解凍，亦可微波加熱後享用。

MEMO

最好在甘甜的狀態下冷凍　｜　玉米的甜度會逐漸轉弱，因此無法馬上吃完的話，建議水煮後冷凍起來。水煮的時間太長的話糖份就會流失，因此重點在於煮至略帶硬度的狀態。

主要營養與功效	冷凍 memo
除了能夠維持黏膜工作的 β 胡蘿蔔素外，也富含形成膠原蛋白不可或缺的維他命 C，對於美容和防止老化都有令人欣喜的效果。	尚未成熟的番茄甜度較低，冷凍過後也不甚美味。這邊的訣竅是選擇已經成熟的果子，使其能夠保留風味。

保存期限 **3~4** 個月	生鮮冷凍 ○	川燙冷凍 ○	基礎調味冷凍 ○
	加水冰凍 ×	烹調後冷凍 ×	烹調前冷凍 ×

番茄、小番茄

冷凍後用熱水剝皮相當輕鬆。

生的直接整顆冷凍起來也OK！

番茄（整顆）生鮮冷凍

大量保存當季美味番茄也很好！

個別用保鮮膜包好後冷凍

清洗好後仔細擦乾，取下蒂頭。每個分別用保鮮膜包好，裝入保鮮袋中，擠出空氣後密封冷凍。

建議解凍 & 烹調方法

維持冷凍

維持冷凍狀態製作普羅旺斯蔬菜鍋

將其他材料拌炒後加入冷凍狀態的番茄，蓋上蓋子熬煮，解凍後一邊壓碎番茄一邊燉煮。

冷凍法 2　生鮮冷凍　番茄（切塊）

亦可做成料多味美的蔬菜湯品！

STEP 1

切塊

清洗並擦乾水分，取下蒂頭後切成 1cm 方塊。

STEP 2

裝入保鮮袋中冷凍

直接裝入保鮮袋中，擠出空氣後密封冷凍。

建議解凍 & 烹調方法

維持冷凍

維持冷凍狀態做成番茄湯

將冷凍狀態的番茄放入沸騰的高湯中，蓋上鍋蓋熬煮。

冷凍法 3　快炒後冷凍　番茄

輕鬆做出手工番茄醬！

STEP 1

與大蒜拌炒

切成 1cm 塊狀，用沙拉油與大蒜快速拌炒，靜置到完全冷卻。

STEP 2

裝入保鮮袋中冷凍

直接裝入保鮮袋中，擠出空氣後密封冷凍。

建議解凍 & 烹調方法

維持冷凍

維持冷凍狀態做成番茄醬

熱油後放入冷凍狀態的番茄，蓋上鍋蓋熬煮讓水分蒸發。

冷凍法 4　生鮮冷凍　小番茄（整顆）

麻煩的剝皮工作變得輕而易舉！

STEP 1

取下蒂頭

清洗後擦乾，取下蒂頭。

STEP 2

裝入保鮮袋中冷凍

直接裝入保鮮袋中，擠出空氣後密封冷凍。

建議解凍 & 烹調方法

維持冷凍

維持冷凍狀態做成醃漬番茄

將冷凍狀態的小番茄泡在水中剝皮，稍微融化後浸泡在調味液當中。

茄子

茄子的水分很多，要擦乾才可以冷凍。亦可根據使用方式來改變切法！

炸或煎後冷凍

炸過煎過口味濃郁更美味！

炸或煎後冷凍

直切成 4～6 等份，用較多量的沙拉油煎過以後，靜置到完全冷卻，再用保鮮膜緊緊包好，裝入保鮮袋中，擠出空氣後密封冷凍。

建議解凍 & 烹調方法

維持冷凍

維持冷凍狀態製作味噌湯

將冷凍狀態的茄子放入沸騰的高湯中，蓋上鍋蓋熬煮。

冷凍法 2 　炒成金黃色後冷凍

可以用來當咖哩或義大利麵的材料！

STEP 1

炒到呈金黃色

切成圓片並用沙拉油炒到呈金黃色，靜置到完全冷卻。

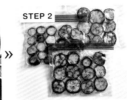

STEP 2

用保鮮膜緊緊包好

用保鮮膜緊緊包好，裝入保鮮袋中，擠出空氣後密封冷凍。

建議解凍 & 烹調方法

維持冷凍

維持冷凍狀態製作咖哩

燉煮其他材料，最後放入冷凍狀態的茄子，蓋上鍋蓋熬煮。

冷凍法 3 　烤好茄子後冷凍

推薦用來作為配菜或下酒菜！

STEP 1

烤好後剝皮

烤到茄子皮變成黑的，用冰水冰鎮後剝皮，靜置到完全冷卻。

STEP 2

用保鮮膜緊緊包好

用保鮮膜緊緊包好，裝入保鮮袋中，擠出空氣後密封冷凍。

建議解凍 & 烹調方法

流水、冷藏庫、微波爐解凍

解凍後搭配調味料享用

只需要解凍，亦可將冷凍狀態的茄子整袋泡進熱水裡，灑上柴魚片、淋點醬油便可享用。

冷凍法 4 　生鮮冷凍

切掉蒂頭後整個冷凍，非常簡單！

STEP 1

切掉蒂頭

切掉蒂頭後也拿掉萼，仔細擦乾水分。

STEP 2

直接裝入保鮮袋

直接裝入保鮮袋中，擠出空氣後密封冷凍。

建議解凍 & 烹調方法

微波爐解凍

解凍後可熬煮或做成味噌湯

微波加熱後用手撕開，搭配調味料熬煮或放入味噌湯中。

主要營養與功效	冷凍 memo
小黃瓜含有大量水分,具有去除體熱的功效,富含鉀有助於排鈉以維持血壓正常,亦可預防水腫。	小黃瓜含水量高,先用鹽巴揉過、仔細擰乾水分後再冷凍,解凍後仍然能夠維持爽脆口感。

保存期限 **4～6** 星期	生鮮冷凍	×	川燙冷凍	×	基礎調味冷凍 ○
	加水冰凍	×	烹調後冷凍	×	烹調前冷凍 ×

冷凍法 1　用鹽巴搓揉後冷凍

用鹽巴搓揉後冷凍

切成圓片,用鹽巴抓一抓後稍微靜置,然後擰乾水分,用保鮮膜緊緊包好,裝入保鮮袋中密封冷凍。

建議解凍 & 烹調方法

流水、冷藏庫解凍	解凍後做成醋漬涼拌菜
	將解凍的小黃瓜擰乾後調味,做成醋漬涼拌菜。

冷凍法 2　浸泡在漬汁中冷凍

連同醃漬湯汁一起冷凍

擦乾後切成 2cm 厚片,連同醃漬用的湯汁一起裝入保鮮袋中密封冷凍。

建議解凍 & 烹調方法

流水、冷藏庫解凍	解凍後做成涼拌菜
	將解凍後的小黃瓜瀝乾並擦乾調味,製作涼拌菜。

小黃瓜

小黃瓜含水量高需做好基礎調味再冷凍。可以用來做涼拌菜等,相當推薦!

主要營養與功效	冷凍 memo
美生菜的水分含量高，卻含有食物纖維、鉀、葉酸等營養成份，改善便秘和水腫的效果可期。	用鹽巴搓揉後擰乾水分再冷凍。快速川燙後冷凍，可在冷凍狀態下直接當成炒飯的材料，非常方便。

保存期限 **2~3**星期	生鮮冷凍	×	川燙冷凍	○	基礎調味冷凍	○
	加水冰凍	×	烹調後冷凍	×	烹調前冷凍	×

冷凍法 1 ｜ 用鹽巴搓揉後冷凍

用鹽巴搓揉後冷凍

切小片用鹽巴搓揉，擰乾水分，用保鮮膜緊緊包好，裝入保鮮袋中密封冷凍。

建議解凍 & 烹調方法

流水、冷藏庫解凍

解凍後做涼拌菜
將解凍後的美生菜擰乾後調味，製作涼拌菜。

冷凍法 2 ｜ 快速川燙後冷凍

快速川燙冷凍

大致上切一切，快速川燙後用冰水冰鎮，然後擦乾，用保鮮膜緊緊包好，裝入保鮮袋中密封冷凍。

建議解凍 & 烹調方法

維持冷凍

解凍後翻炒
熱油並將冷凍狀態的美生菜放入後蓋上鍋蓋，解凍後與其他材料拌炒製作炒飯。

美生菜

可以冷凍，所以買一整顆也能吃完！剩下來的就用鹽巴搓一搓或水煮後冷凍。

主要營養與功效	冷凍 memo
青椒、甜椒富含 β 胡蘿蔔素和維他命 C 等營養，可預防老化並具肌膚美容效果。	青椒、甜椒不管是生鮮冷凍或川燙後冷凍都 OK ◎。建議仔細擦乾水分後再冷凍。

保存期限 **4~6** 星期	生鮮冷凍 ○	川燙冷凍 ○	基礎調味冷凍 ○
	加水冰凍 ×	烹調後冷凍 ○	烹調前冷凍 ×

青椒、甜椒

能為餐桌增添色彩又方便存放。
建議做好基礎調味或快速川燙一下再冷凍。

冷凍法 **1** 基礎調味冷凍	只需要灑在沙拉或薄片生肉冷盤上

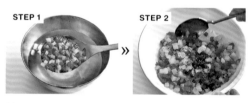

STEP 1 » STEP 2

拌勻材料後冷凍

紅黃甜椒各一切成塊狀，水煮後用冰水冰鎮再瀝乾。將甜椒與剁碎的西洋芹、鹽巴（各 1 小匙）、胡椒少許、檸檬汁以及橄欖油各 1 大匙攪拌均勻，鋪在舖有烘焙紙的烤盤上，用保鮮膜包裹好冷凍起來，再裝入保鮮袋中密封冷凍。

建議解凍 & 烹調方法

流水、冷藏庫解凍

解凍後用於沙拉或薄片生肉冷盤

解凍後放在喜愛的生魚片上做成薄片生肉冷盤，或搭配起司、生火腿、羅勒一起做成沙拉。

冷凍法 2　青椒　快速川燙後冷凍

切細絲意外地麻煩，乾脆一次做完吧！

STEP 1

STEP 2

快速川燙
橫向切絲快速川燙一下，冰鎮過後仔細擦乾水分。

用保鮮膜緊緊包好
用保鮮膜緊緊包好，裝入保鮮袋中，擠出空氣後密封冷凍。

建議解凍＆烹調方法

流水、冷藏庫解凍

解凍後製作涼拌菜

青椒解凍後仔細擦乾並調味。

冷凍法 3　青椒　生鮮冷凍

冷凍狀態也很好切，烹調方式多變化！

STEP 1

STEP 2

直接裝入保鮮袋
仔細擦乾後直接裝入保鮮袋。

密封冷凍
擠出多餘空氣後密封冷凍。

建議解凍＆烹調方法

維持冷凍

冷凍狀態下炒菜或塞肉

維持冷凍狀態直接切成需要的大小和其他蔬菜一起拌炒，或塞入絞肉後用平底鍋煎。

冷凍法 4　甜椒　剝皮後冷凍

剝皮後變得更順口！

STEP 1

STEP 2

烤過後剝皮
將甜椒烤到皮變成黑色的，放入冰水中剝皮，切成需要的形狀。

用保鮮膜緊緊包好
用保鮮膜緊緊包好，裝入保鮮袋中，擠出空氣後密封冷凍。

建議解凍＆烹調方法

流水、冷藏庫解凍

解凍後製作醃漬甜椒

甜椒解凍後擦乾並調味。

主要營養與功效	冷凍 memo
富含對美容有幫助的維他命C，以及改善水腫的鉀，還有能夠拓張血管、改善血流的瓜胺酸。	生鮮冷凍或鹽巴搓揉後再冷凍都可以，不過先做成佃煮再冷凍也行◎。建議口味做重一點的話，保存性也比較高，適合長期保存。

保存期限 **4～6** 星期	生鮮冷凍 ○	川燙冷凍 ✕	基礎調味冷凍 ○
	加水冰凍 ✕	烹調後冷凍 ○	烹調前冷凍 ✕

苦瓜

除了沖繩風味的炒苦瓜外，也能做涼拌菜和沙拉。最好趁當季的時候大量冷凍起來！

冷凍法 1

生鮮冷凍

生鮮冷凍可以用來做最熟悉的炒苦瓜！

STEP 1

去掉種子和網絲

對半直切，用湯匙挖掉種子和網絲，從頭切成薄片。

»

STEP 2

用保鮮膜緊緊包好

用保鮮膜緊緊包好，裝入保鮮袋中，擠出空氣後密封冷凍。

建議解凍 & 烹調方法

維持冷凍

**維持冷凍狀態
做成炒苦瓜**

熱油後放入冷凍狀態的苦瓜，蓋上鍋蓋，解凍後與其他材料拌炒。

冷凍法 **2**

用鹽巴搓揉後冷凍

用鹽巴搓揉過後，苦味會變得柔和！

STEP 1

用鹽巴搓揉

切成薄片，用鹽巴搓揉後靜置，擰乾水分。

STEP 2

用保鮮膜緊緊包好

用保鮮膜緊緊包好，裝入保鮮袋中，擠出空氣後密封冷凍。

建議解凍 & 烹調方法

流水、冷藏庫解凍

解凍後製作涼拌菜

將解凍後的苦瓜擰乾並調味，亦可和罐頭鮪魚、美乃滋拌在一起。

冷凍法 **3**

做成佃煮後冷凍

煮得甜甜鹹鹹的超下飯！

STEP 1

製作佃煮

將切成薄片的苦瓜做成佃煮，靜置到完全冷卻。

STEP 2

用保鮮膜緊緊包好

用保鮮膜緊緊包好，裝入保鮮袋中，擠出空氣後密封冷凍。

建議解凍 & 烹調方法

流水、冷藏庫解凍

解凍後直接享用

只需要解凍，亦可搭配柴魚片。

MEMO

苦味經過前置處理後更容易入口

苦味只需要在冷凍前先用鹽巴搓揉或用油脂包覆，就不會那麼突兀。苦瓜當中含有的維他命C若經過油脂烹調也會提高吸收率，因此是相當推薦的做法。相反地，泡在水裡的話會造成維他命C溶出，請多注意。

主要營養與功效	冷凍 memo
鉀能夠排出多餘鹽份避免水腫，也富含具肌膚美容效果的維他命C、強化黏膜的β胡蘿蔔素。	仔細清洗後再使用能夠去除農藥比較安心，切成需要的大小再冷凍，就能配合不同料理來使用，相當方便。

保存期限 4~6 星期	生鮮冷凍 ○	川燙冷凍 ○	基礎調味冷凍 ○
	加水冰凍 ×	烹調後冷凍 ○	烹調前冷凍 ×

櫛瓜

可以做成沙拉、湯品或燉煮料理！配合用途來決定切的形狀再冷凍很方便。

冷凍法 **1**

快炒後冷凍（切圓片）

炒過能提升美味！

STEP 1 » STEP 2

快炒後冷凍

切成圓片後用沙拉油快炒，靜置到完全冷卻，用保鮮膜緊緊包好，裝入保鮮袋中，擠出空氣後密封冷凍。

建議解凍 & 烹調方法

維持冷凍

**維持冷凍狀態
製作普羅旺斯雜燴**

先燉煮其他材料，最後加入冷凍狀態的櫛瓜，蓋上鍋蓋繼續熬煮。

冷凍法 **2**

用鹽巴搓揉後冷凍

生吃或醃漬、做成涼拌菜等！

STEP 1

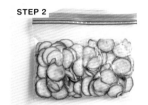

STEP 2

用鹽巴搓揉

切成薄圓片後用鹽巴搓揉，靜置後擰乾。

用保鮮膜緊緊包好

用保鮮膜緊緊包好，裝入保鮮袋中，擠出空氣後密封冷凍。

建議解凍&烹調方法

流水、冷藏庫解凍

解凍後進行醃漬

擰乾解凍後的櫛瓜，浸泡在調味液當中。

冷凍法 **3**

快炒後冷凍（切塊）

推薦做成放了大量夏季蔬菜的湯品！

STEP 1

STEP 2

快炒

切成塊狀並用沙拉油快炒，靜置到完全冷卻。

用保鮮膜緊緊包好

用保鮮膜緊緊包好，裝入保鮮袋中，擠出空氣後密封冷凍。

建議解凍&烹調方法

維持冷凍

維持冷凍狀態做成雜菜湯

將冷凍狀態的櫛瓜放入沸騰的湯中，蓋上鍋蓋熬煮。

MEMO

和油脂超級搭！建議加熱後再冷凍

櫛瓜的醣質低、富含維他命C，用油脂烹調能增加人體吸收營養的效率。冷凍前先用油炒過，營養也能直接保存下來，是相當推薦的做法。

主要營養與功效	冷凍 memo
青花菜的營養價值相當高，富含維他命 C，可以促進膠原蛋白形成，也能有效預防老化。	基本上要快速水煮川燙或加熱後再冷凍。雖然可以生鮮冷凍，但一定要水煮加熱過。

保存期限 **4～6** 星期	生鮮冷凍 ○	川燙冷凍 ○	基礎調味冷凍 ✕
	加水冰凍 ✕	烹調後冷凍 ○	烹調前冷凍 ✕

青花菜

提到冷凍蔬菜，一定會想到青花菜！盡可能趁新鮮就川燙冷凍保存起來。

冷凍法 **1**

（小朵）

水煮至略帶硬度後冷凍

能用來煮湯、做涼拌菜、沙拉等，非常萬能！

水煮至略帶硬度
分成小朵，用鹽水煮至略帶硬度後以冰水冰鎮。

用保鮮膜緊緊包好
擦乾後用保鮮膜緊緊包好，裝入保鮮袋中，擠出空氣後密封冷凍。

建議解凍 & 烹調方法

維持冷凍、流水解凍

製作起司烤青花菜

將冷凍狀態的青花菜水煮或解凍後擦乾，放上起司然後放進吐司烤箱中烤。

冷凍法 2

水煮至略帶硬度後冷凍（切小塊）

灑在湯品或沙拉上，亦可作為蛋包的材料！

STEP 1

切成小塊

用鹽水煮到略帶硬度後剁成小塊。

STEP 2

用保鮮膜緊緊包好

用保鮮膜緊緊包好，裝入保鮮袋中，擠出空氣後密封冷凍。

建議解凍 & 烹調方法

維持冷凍　｜　**維持冷凍狀態做成蝦子義大利麵**

將冷凍狀態的青花菜放入鍋中翻炒，加入蝦子，蓋上鍋蓋後轉中火悶炒，加入義大利麵條。

冷凍法 3

快炒後冷凍

大蒜風味令人食指大動！亦可用來包便當

STEP 1

用大蒜翻炒

分成小朵後用沙拉油和大蒜翻炒，靜置到完全冷卻。

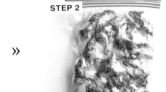

STEP 2

用保鮮膜緊緊包好

用保鮮膜緊緊包好，裝入保鮮袋中，擠出空氣後密封冷凍。

建議解凍 & 烹調方法

熱水、微波爐解凍　｜　**解凍後直接享用**

將冷凍狀態的青花菜整袋放入熱水中浸泡，亦可用微波爐加熱。

MEMO

快速水煮留下營養

青花菜是具備強烈抗氧化作用、富含維他命 C 的蔬菜。因為不太耐熱，所以水煮的時候一定會造成維他命 C 流失，不過只要避免切得太細碎，快煮一下馬上冷凍也能夠保存營養，相當推薦。

主要營養與功效	冷凍 memo
白花椰富含維他命 C，因此有促進膠原蛋白形成、防止老化和美化肌膚的效果，也能夠促進鐵質吸收。	建議分成小朵後快煮冷凍，白花椰很容易變色，因此冷凍前一定要擦乾。

保存期限 **4～6** 星期	生鮮冷凍	○	川燙冷凍	○	基礎調味冷凍	✕
	加水冰凍	✕	烹調後冷凍	○	烹調前冷凍	✕

白花椰

如果無法一次用完，馬上冷凍保存最佳◎。

為了預防變色，一定要擦乾！

冷凍法 1

水煮至略帶硬度後冷凍（小朵）

先煮起來，要炒的時候也能快速完成！

STEP 1

水煮至略帶硬度

分成小朵後在水中加醋煮至略帶硬度，用冰水冰鎮。

STEP 2

用保鮮膜緊緊包好

確實擦乾水分，用保鮮膜緊緊包好，裝入保鮮袋中，擠出空氣後密封冷凍。

建議解凍 & 烹調方法

維持冷凍

維持冷凍狀態炒菜

熱油後放入冷凍狀態的白花椰並蓋上鍋蓋，解凍後用中火翻炒。

冷凍法 **2**

水煮後冷凍（壓碎）

攪拌後做成滑順的濃湯！

STEP 1

水煮後壓碎

將水煮後的白花椰用擀麵棍等工具壓碎，靜置到完全冷卻。

STEP 2

用保鮮膜緊緊包好

用保鮮膜緊緊包好，裝入保鮮袋中，擠出空氣後密封冷凍。

建議解凍 & 烹調方法

維持冷凍 | **維持冷凍狀態製作濃湯**
將冷凍狀態的白花椰放入沸騰的湯裡，蓋上鍋蓋熬煮，用食物調理器打得更細。

冷凍法 **3**

做成醋漬小菜後冷凍

清爽美味！適合作為小菜的菜色

STEP 1

製作醋漬白花椰

將分成小朵的白花椰泡在醋漬醬中，靜置到完全冷卻。

STEP 2

連同滷汁一起裝入保鮮袋

連同滷汁一起裝入保鮮袋中，擠出空氣後密封冷凍。

建議解凍 & 烹調方法

流水、冷藏庫解凍 | **解凍後直接享用**
只需要解凍，亦可放在沙拉上。

MEMO

為了防止變色，建議使用醋或麵粉

白花椰和青花菜一樣，為了避免維他命 C 流失，建議短時間煮至仍略帶一點硬度就冷凍。煮的時候如果只加鹽巴會變色，故可加一點醋或麵粉防止變色。

主要營養與功效	冷凍 memo
毛豆富含維他命 B 群、β 胡蘿蔔素和蛋白質，也含有可以促進酒精分解的甲硫胺酸，對於宿醉相當有幫助◎。	建議用鹽巴搓揉、水煮或炒過等快速川燙後冷凍，根據用途決定要不要先去掉豆莢再冷凍也可以◎。

保存期限 1～2 個月	生鮮冷凍	×	川燙冷凍	○	基礎調味冷凍	×
	加水冰凍	×	烹調後冷凍	○	烹調前冷凍	×

毛豆

毛豆的味道容易變質，最好買來馬上烹調◎。

可以用鹽巴搓揉過、川燙後冷凍保存起來！

冷凍法 1

快速水煮後冷凍（帶莢）

如果是常見的鹽水煮毛豆，用途也非常廣泛！

快速水煮後冷凍

連同豆莢用鹽巴搓揉後快速水煮然後冰鎮，仔細擦乾，直接裝入保鮮袋中，擠出空氣後密封冷凍。

建議解凍 & 烹調方法

流水、冷藏庫、熱水解凍

解凍後直接享用

只需要解凍，將冷凍狀態的毛豆整袋泡進熱水裡。

冷凍法 2　快速水煮後冷凍（去豆莢）

可炒、涼拌或妝點其他菜色，馬上就能使用！

STEP 1

去掉豆莢和薄皮

將煮好的毛豆從豆莢中取出，並且把薄皮剝掉只留下豆子本身。

»

STEP 2

用保鮮膜緊緊包好

用保鮮膜緊緊包好，裝入保鮮袋中，擠出空氣後密封冷凍。

建議解凍 & 烹調方法

維持冷凍

維持冷凍狀態炒菜

熱油後將冷凍狀態的毛豆放進鍋中蓋上鍋蓋，解凍後和其他材料拌炒。

冷凍法 3　快炒後冷凍

大蒜風味令人欲罷不能！正好拿來當作小菜！

STEP 1

用大蒜翻炒

將煮好的毛豆用大蒜和沙拉油快速翻炒，靜置到完全冷卻。

»

STEP 2

裝入保鮮袋中冷凍

直接裝入保鮮袋中，擠出空氣後密封冷凍。

建議解凍 & 烹調方法

流水、冷藏庫、熱水解凍

解凍後享用

只需要解凍，可將冷凍狀態的毛豆整袋泡進熱水裡。

MEMO

搭配酒精最適合！

由於能夠促進酒精代謝、減輕肝臟負擔、防止宿醉等，因此建議攝取酒精的時候可以一同享用。如果先做好基礎調味再冷凍，就能馬上當成下酒菜享用，非常方便。

主要營養與功效	冷凍 memo
菜豆含有均衡的維他命 B 群等營養；荷蘭豆則富含能夠消除疲勞的維他命 B_1。	因為不太會發澀，所以建議快速水煮後冷凍，亦可把蒂頭折斷後去筋和藤絲等，做好前置處理再冷凍。

保存期限 **1~2** 個月

生鮮冷凍	×	川燙冷凍	○	基礎調味冷凍	×
加水冰凍	×	烹調後冷凍	×	烹調前冷凍	×

菜豆、荷蘭豆

買來後要盡快川燙冷凍。烹調一下就能夠維持鮮豔的顏色。

冷凍法 1

菜豆（整條）水煮至略帶硬度後冷凍

可以做涼拌菜或最後妝點豬肉馬鈴薯！

水煮至略帶硬度後冷凍

取下蒂頭後用鹽水煮到略帶硬度後冰鎮，仔細擦乾用保鮮膜緊緊包好，裝入保鮮袋中，擠出空氣後密封冷凍。

建議解凍 & 烹調方法

流水、冷藏庫解凍

解凍後製作涼拌菜

將解凍後的菜豆切一切進行調味。

冷凍法 2

菜豆（切小段）水煮至略帶硬度後冷凍

推薦作為炒飯或湯品的材料！

STEP 1

切小段

用鹽水煮至略帶硬度後，切成 5 ～ 6mm 長的小段。

STEP 2

用保鮮膜緊緊包好

用保鮮膜緊緊包好，裝入保鮮袋中，擠出空氣後密封冷凍。

建議解凍 & 烹調方法

流水、冷藏庫解凍

解凍後製作炒飯

翻炒其他材料，最後加入解凍的菜豆拌炒。

冷凍法 3

荷蘭豆快速水煮後冷凍

可以拿來炒或解凍後作為沙拉的材料！

STEP 1

取下蒂頭和筋

取下蒂頭和筋，用鹽水快速煮過後以冰水冰鎮，仔細擦乾。

STEP 2

用保鮮膜緊緊包好

用保鮮膜緊緊包好，裝入保鮮袋中，擠出空氣後密封冷凍。

建議解凍 & 烹調方法

維持冷凍

維持冷凍狀態炒菜

將冷凍狀態下的荷蘭豆拿去快炒。

MEMO

營養豐富！冷凍起來作為常備菜

菜豆是種超級蔬菜，具備人類體內無法合成的九種必須胺基酸，而荷蘭豆則有著只靠蔬菜無法補充的豆類營養，所以相當推薦冷凍起來保存。

主要營養與功效	冷凍 memo
豌豆富含植物性蛋白質，也均衡含有維他命 B₁、B₂ 和 B₆ 等。	基本上要將豆子從豆莢中取出，快速川燙後冷凍，要用的時候就解凍做成沙拉，亦可維持冷凍狀態拿去炒。

保存期限 4~10 星期	生鮮冷凍	✕	川燙冷凍	◯	基礎調味冷凍	✕
	加水冰凍	✕	烹調後冷凍	◯	烹調前冷凍	✕

豌豆

非常容易變換菜色，冷凍庫裡存放一些很方便！從豆莢中取出，過火至略留硬度就冷凍起來。

冷凍法 1

冷凍 水煮至略帶硬度後

沙拉、涼拌菜、湯品都能使用的萬能蔬菜！

水煮至略帶硬度後冷凍

從豆莢中取出，用鹽水煮至略帶硬度，連同湯汁一起靜置到完全冷卻。完全瀝乾後裝入保鮮袋中，擠出空氣後密封冷凍。

建議解凍 & 烹調方法

流水、冷藏庫、熱水解凍

製作沙拉

解凍後調味或將冷凍狀態的豌豆整袋放進熱水中浸泡。

冷凍法 2

炒至略帶硬度後冷凍

炒起來也很好吃！搭配培根或火腿超對味

炒至略帶硬度
從豆莢中取出，用沙拉油炒至略帶硬度後，靜置到完全冷卻。

用保鮮膜緊緊包好
用保鮮膜緊緊包好，裝入保鮮袋中，擠出空氣後密封冷凍。

建議解凍 & 烹調方法

維持冷凍 | **維持冷凍狀態炒菜**
熱油後放入冷凍狀態的豌豆並蓋上鍋蓋，解凍後和其他材料拌炒。

冷凍法 3

用高湯煮至略帶硬度後冷凍

做成能享用鬆軟口感的豆子飯！

煮至略帶硬度
從豆莢中取出，用高湯煮至略帶硬度，連同湯汁一起靜置到完全冷卻。

連同湯汁一起裝入保鮮袋
連同湯汁一起裝入保鮮袋中，擠出空氣後密封冷凍。

建議解凍 & 烹調方法

流水、冷藏庫解凍 | **解凍後製作豆子飯**
將水和鹽巴加入解凍的豌豆、高湯和白米當中煮飯。

MEMO

營養價值高的就冷凍起來 | 荷蘭豆的豆子成熟到某個程度就叫做豌豆。由於豆類的營養價值很高，因此冷凍的時候要將豆子從豆莢中取出川燙再冷凍，將營養封存在裡面。

主要營養與功效	冷凍 memo
蠶豆含有維他命 B 群、幫助鐵質吸收的銅、確保味覺正常運作的鋅，也富含植物性蛋白質。	新鮮度非常容易受損，營養成分也很容易衰減，因此買來以後就要馬上川燙冷凍來維持新鮮度。

保存期限 **2～3** 星期	生鮮冷凍	×	川燙冷凍	○	基礎調味冷凍	×
	加水冰凍	×	烹調後冷凍	×	烹調前冷凍	×

冷凍法 1　快速水煮後冷凍（帶皮）

快速水煮

從豆莢中取出後用鹽水快速煮過並冰鎮，擦乾後用保鮮膜緊緊包好，裝入保鮮袋中密封冷凍。

建議解凍 & 烹調方法

流水、冷藏庫、熱水解凍

維持冷凍或解凍後享用
只需要解凍，亦可將冷凍狀態的蠶豆整袋浸泡到熱水裡。

冷凍法 2　水煮後冷凍（磨碎）

磨碎

用鹽水煮過後剝去薄皮磨碎，放到完全冷卻，用保鮮膜緊緊包好，裝入保鮮袋中，擠出空氣後密封冷凍。

建議解凍 & 烹調方法

流水、冷藏庫解凍

解凍後做成沾醬
將解凍後的蠶豆泥與奶油起司、鹽巴、胡椒攪拌均勻，做成沾醬。

蠶豆

趁新鮮做好前置處理並冷凍！川燙冷凍就能維持其口味＆營養價值。

主要營養與功效	冷凍 memo
含有具消除疲勞效果的天門冬胺酸，也富含懷孕期間容易不足的葉酸以及能幫助預防生活習慣病的蘆丁。	完整一根冷凍起來很容易變得水水的，所以建議燙一下然後擦乾，切成小段後再冷凍。

保存期限 **2～3** 星期	生鮮冷凍 ✕	川燙冷凍 ◯	基礎調味冷凍 ✕
	加水冰凍 ✕	烹調後冷凍 ◯	烹調前冷凍 ✕

冷凍法 1　快速水煮後冷凍

快速水煮

用鹽水快速煮過後用冰水冰鎮，仔細擦乾再切成 3cm 長，用保鮮膜緊緊包好，裝入保鮮袋中密封冷凍。

建議解凍 & 烹調方法

熱水解凍　**維持冷凍狀態製作涼拌菜**
將冷凍狀態的綠蘆筍整袋放入熱水中，仔細擦乾後調味做成涼拌菜。

冷凍法 2　快炒後冷凍

與大蒜拌炒

切成 3cm 長後用沙拉油和大蒜快炒，冷卻後用保鮮膜緊緊包好，裝入保鮮袋中密封冷凍。

建議解凍 & 烹調方法

維持冷凍　**維持冷凍狀態炒菜**
熱油後放入冷凍狀態的綠蘆筍並蓋上鍋蓋，解凍後與其他材料拌炒。

綠蘆筍

根部過硬處先切掉，水煮後亦可做成肉捲再冷凍！

主要營養與功效	冷凍 memo
具有消除疲勞和美肌效果的維他命C，富含食物纖維，能使血糖上升較為緩慢並抑制多餘醣份吸收。	由於相當容易變色，可以放入醋水中浸泡水煮，就能維持潔白顏色再冷凍，抑或把醋加進沸騰的熱水中水煮也行◎。

保存期限 **1～2**個月	生鮮冷凍 ×	川燙冷凍 ○	基礎調味冷凍 ×
	加水冰凍 ×	烹調後冷凍 ×	烹調前冷凍 ×

冷凍法 1 ｜ **水煮至略帶硬度後冷凍**

水煮至略帶硬度

切成圓片後浸泡在醋水當中，水煮至略帶硬度後冰鎮，擦乾後用保鮮膜緊緊包好，裝入保鮮袋中密封冷凍。

建議解凍 & 烹調方法

流水、冷藏庫解凍 ｜ **解凍後做成沙拉**
仔細擦乾解凍後的蓮藕，調味做成沙拉。

蓮藕

浸泡醋水就能防止變色！
快速水煮後進行川燙冷凍。

冷凍法 2 ｜ **炒至略帶硬度後冷凍**

炒至略帶硬度後冷凍

滾刀切好蓮藕，用沙拉油炒到略留硬度後冷卻，用保鮮膜緊緊包好，裝入保鮮袋中密封冷凍。

建議解凍 & 烹調方法

維持冷凍 ｜ **維持冷凍狀態製作燉煮菜色**
將冷凍狀態的蓮藕放入沸騰的滷汁當中，蓋上鍋蓋燉煮。

主要營養與功效	冷凍 memo
富含食物纖維、低醣質、低熱量，含有維他命C和維他命B群、鈣質等營養，經常應用在減肥餐點當中。	大多沒有農藥，因此可以直接切掉香菇蒂後冷凍。冷凍狀態下也能直接用來製作味噌湯或炒菜，非常方便。

保存期限 **2~3** 個月	生鮮冷凍	○	川燙冷凍	○	基礎調味冷凍	✕
	加水冰凍	✕	烹調後冷凍	○	烹調前冷凍	✕

菇類

香菇、杏鮑菇、舞菇、滑菇、金針菇，不同菇類有不同冷凍方法！

冷凍法 1

生鮮冷凍

香菇（整朵）

可以直接烤或做成鍋物！

切除根部後冷凍

將香菇蒂過硬的部分切除，亦可把整個香菇蒂切掉，直接裝入保鮮袋中，擠出空氣後密封冷凍。

建議解凍 & 烹調方法

維持冷凍

維持冷凍狀態直接烤

將冷凍狀態的香菇傘摺朝上放在烤網上烤。

生鮮冷凍 香菇（切薄片）

煮味噌湯時只需拿出想使用的量，非常方便！

STEP 1

STEP 2

建議解凍 & 烹調方法

維持冷凍

──────────

維持冷凍狀態炒菜

切成薄片

將香菇蒂切掉後，把傘狀部分切成 2 ～ 3mm 厚的薄片。

用保鮮膜緊緊包好

用保鮮膜緊緊包好，裝入保鮮袋中，擠出空氣後密封冷凍。

熱油後將冷凍狀態的香菇放進去並蓋上鍋蓋，解凍後和其他材料拌炒。

快速水煮後冷凍 杏鮑菇（切薄片）

可以和其他菇類混在一起醃漬！

STEP 1

STEP 2

建議解凍 & 烹調方法

流水、冷藏庫、熱水解凍

──────────

解凍後製作涼拌菜

切薄片

切成薄片快速水煮後冰鎮，仔細擦乾。

裝入保鮮袋中冷凍

直接裝入保鮮袋中，擠出空氣後密封冷凍。

解凍後調味，亦可將冷凍狀態的杏鮑菇整袋泡進熱水裡。

生鮮冷凍 舞菇（撕開）

可以做成天婦羅或炒菜，用途多樣化！

STEP 1

STEP 2

建議解凍 & 烹調方法

維持冷凍、冷藏庫解凍

──────────

沾上麵衣後做成天婦羅

撕開

將過硬處拿掉後，用手撕成容易使用的大小。

裝入保鮮袋中冷凍

直接裝入保鮮袋中，擠出空氣後密封冷凍。

將冷凍狀態（或解凍後）的舞菇沾上麵衣油炸。

冷凍法 5
生鮮冷凍 滑菇（整袋）

可以整袋直接冷凍，相當輕鬆！

 STEP 1

 STEP 2

連同包裝袋

直接將買來的包裝整袋冷凍也 OK，
有些是真空包裝。

裝入保鮮袋中冷凍

將原先的包裝直接放入保鮮袋中，
擠出空氣後密封冷凍。

建議解凍 & 烹調方法

維持冷凍　|　**維持冷凍狀態製作味噌湯**

將冷凍狀態的滑菇放入沸騰的高湯中，蓋上鍋蓋熬
煮，添加味噌。

冷凍法 6
快速水煮後冷凍 金針菇（撕開）

可以做涼拌菜或沙拉，想多準備一道菜的時候很方便！

 STEP 1

  STEP 2

快速水煮

切掉根部後撕開，快速水煮後冰鎮，
仔細擦乾。

用保鮮膜緊緊包好

用保鮮膜緊緊包好，裝入保鮮袋中，
擠出空氣後密封冷凍。

建議解凍 & 烹調方法

**流水、冷藏庫、
熱水解凍**　|　**解凍後做成涼拌菜**

將金針菇解凍後調味，亦可將冷凍的金針菇
整袋放入熱水中。

MEMO

**冷凍後能提升營養
價值和美味程度**

冷凍後細胞會損壞，因此營養成分和美味程度都
會溶出，也更容易被身體吸收。解凍後很容易喪
失水分，因此若要加熱，建議還是冷凍狀態下直
接烹調為佳。

主要營養與功效	冷凍 memo
醣質高的馬鈴薯是能量來源，其食物纖維有助於改善便秘，另富含維他命 C 可幫助消除疲勞◎。	基本上一定要先煮過、加熱後才能夠冷凍。壓碎後再冷凍的話口感不變，也能維持美味。

保存期限 1～3 個月	生鮮冷凍	×	川燙冷凍	○	基礎調味冷凍	×
	加水冰凍	×	烹調後冷凍	○	烹調前冷凍	×

馬鈴薯

生鮮冷凍會讓口感變差因此 NG！最好水煮後壓碎。

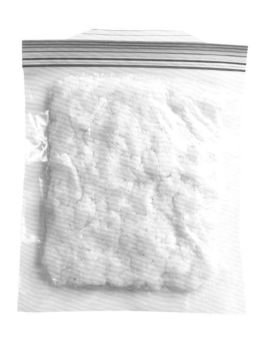

冷凍法 1

水煮後冷凍（壓碎）

要冷凍馬鈴薯建議還是做成馬鈴薯泥

STEP 1

切塊水煮

將馬鈴薯去皮後切成一口大小然後煮熟。

STEP 2

壓碎冷凍

用工具將馬鈴薯壓碎後靜置冷卻，直接裝入保鮮袋中，擠出空氣後密封冷凍。

建議解凍 & 烹調方法

流水、冷藏庫解凍

解凍後做成馬鈴薯沙拉

打散解凍後的馬鈴薯然後調味。

冷凍法 2

水煮至略帶硬度後冷凍（一口大小）

即使是需要花時間加熱的燉煮料理也能快速製作出來

STEP 1

水煮大約 5 分鐘

切成一口大小水煮 5 分鐘左右，瀝乾後靜置到完全冷卻。

STEP 2

用保鮮膜緊緊包好

用保鮮膜緊緊包好，裝入保鮮袋中，擠出空氣後密封冷凍。

建議解凍 & 烹調方法

維持冷凍

維持冷凍狀態製作燉煮料理

將冷凍狀態的馬鈴薯放入沸騰的滷汁當中，蓋上鍋蓋熬煮。

冷凍法 3

炸過後冷凍

炸薯條也能自己做好冷凍保存工作！

STEP 1

油炸

切成梳狀後用 170℃ 油炸，靜置到完全冷卻。

STEP 2

用保鮮膜緊緊包好

用保鮮膜緊緊包好，裝入保鮮袋中，擠出空氣後密封冷凍。

建議解凍 & 烹調方法

熱水解凍

用吐司烤箱烤一下就能享用

將冷凍狀態的馬鈴薯整袋泡到熱水當中，亦可用吐司烤箱烤。

MEMO

建議常溫保存或水煮後冷凍

加熱烹調冷藏保存的馬鈴薯會有極高風險產生致癌物質，因此放在冰箱冷藏是 NG 的。若想長期保存，可以和蘋果一起用報紙或紙袋裝起來常溫保存或水煮後冷凍。

主要營養與功效	冷凍 memo
富含維他命 C 與食物纖維，對於肌膚美容以及預防便秘都相當有效。地瓜皮也含有具抗氧化作用的花色素苷。	建議快速水煮後直接冷凍或壓碎後冷凍，冷凍的時候最好完全冷卻後再進行◎。

保存期限 **1～3** 個月	生鮮冷凍 ✕	川燙冷凍 ○	基礎調味冷凍 ✕
	加水冰凍 ✕	烹調後冷凍 ○	烹調前冷凍 ✕

地瓜

建議加熱後再冷凍！
先去澀後再川燙冷凍。

冷凍法 **1**

（切圓片）
水煮至略帶硬度後冷凍

解凍後可以做成奶油煎地瓜！

水煮 5 分鐘左右冷凍

切成圓片後水煮約 5 分鐘，瀝乾後靜置到完全冷卻，用保鮮膜緊緊包好，裝入保鮮袋中，擠出空氣後密封冷凍。

建議解凍 & 烹調方法

流水、冷藏庫解凍

解凍後做成天婦羅

擦乾解凍後的地瓜，沾上麵衣後油炸。

冷凍法 2

水煮後冷凍（壓碎）

做沙拉或甜點都很好用！

STEP 1

壓碎後冷卻

將煮好的地瓜用工具壓碎，靜置到完全冷卻。

STEP 2

裝入保鮮袋中冷凍

直接裝入保鮮袋中，擠出空氣後密封冷凍。

建議解凍 & 烹調方法

熱水解凍

加熱後做成甜地瓜

將冷凍狀態的地瓜整袋放進熱水中，趁熱與奶油和砂糖攪拌均勻。

冷凍法 3

做成甜地瓜後冷凍

令人放鬆的美味甘甜滋味！亦可作為便當配菜

STEP 1

製作甜地瓜

切成圓片後煮甜地瓜，靜置到完全冷卻。

STEP 2

用保鮮膜緊緊包好

用保鮮膜緊緊包好，裝入保鮮袋中，擠出空氣後密封冷凍。

建議解凍 & 烹調方法

流水、冷藏庫、熱水解凍

解凍後直接享用

只需要解凍，亦可將冷凍狀態的地瓜整袋放入熱水中。

MEMO

冷凍後的常備食材◎

雖然是含有大量澱粉等醣質的蔬菜，但是不容易被腸胃吸收，被認為是不容易使人肥胖的醣，而且含有豐富的食物纖維有助於調整腸內環境，冷凍起來存放，無論當作主食或配菜都是極佳的選擇。

主要營養與功效	冷凍 memo
富含鉀與食物纖維，可改善水腫與便秘，其黏稠成份具有保護腸胃黏膜的功效，在炎熱的夏季中享用也 OK ◎。	依據不同用途改變切法來冷凍。可切絲、打碎、生鮮冷凍或稍微烤一下加熱冷凍也 OK ◎。

保存期限 1～3 個月	生鮮冷凍 ○	川燙冷凍 ○	基礎調味冷凍 ×
	加水冰凍 ×	烹調後冷凍 ○	烹調前冷凍 ×

山藥

可以生鮮冷凍所以使用起來很方便！

亦可切絲或打成泥狀後冷凍。

| 冷凍法 1 | 搭配梅子肉或烤海苔都很棒！ |

生鮮冷凍（敲碎）

STEP 1

去皮後放入塑膠袋內

洗淨後擦乾、削皮再裝入塑膠袋裡。

»

STEP 2

打碎後冷凍

用擀麵棍等工具敲打成泥，直接裝入保鮮袋中，擠出空氣後密封冷凍。

建議解凍 & 烹調方法

冰水、冷藏庫解凍

解凍後搭配鮪魚

解凍後的山藥可搭配其他食材享用，比要吃的時候現磨來得輕鬆。

冷凍法 2

生鮮冷凍（切絲）

可以嘗到爽脆的口感！

切絲

洗淨後擦乾、削皮，切成寬 4 ～ 5mm 的細絲。

裝入保鮮袋中冷凍

直接裝入保鮮袋中，擠出空氣後密封冷凍。

建議解凍 & 烹調方法

冰水、冷藏庫解凍

解凍後製作涼拌菜

將解凍後的山藥擦乾調味。

冷凍法 3

稍微煎一下再冷凍

可以燉煮或改變切法放進味噌湯裡！

稍微煎一下

削皮後切成圓片，用沙拉油稍微煎一下，靜置到完全冷卻。

用保鮮膜緊緊包好

用保鮮膜緊緊包好，裝入保鮮袋中，擠出空氣後密封冷凍。

建議解凍 & 烹調方法

維持冷凍

維持冷凍狀態燉煮

將冷凍狀態的山藥放入沸騰的滷汁中，蓋上鍋蓋燉煮。

MEMO

根據用途改變切法冷凍較佳◎

如果想在解凍後生吃，就沿著纖維直切，可以保留爽脆口感；如果要加熱烹調，建議與纖維方向垂直切就能增加甘甜和鬆軟口感。

主要營養與功效	冷凍 memo
小芋頭的食物纖維豐富，具有抑制多餘醣質吸收的功效，也有降低膽固醇、整腸的功效。	一旦乾燥就會受損，建議冷凍保存。因為很容易形成灰汁和黏液，最好快速水煮後冷凍較佳◎。

保存期限 2～3 個月	生鮮冷凍	×	川燙冷凍	○	基礎調味冷凍	×
	加水冰凍	×	烹調後冷凍	○	烹調前冷凍	×

小芋頭

過水去掉灰汁和黏液後冷凍起來。
麻煩的去皮去黏工作一次做完！

冷凍法 **1**
（整顆）
水煮 5 分鐘左右冷凍

可以和肉類與蔬菜一起燉煮！

水煮 5 分鐘後冷凍

剝皮後水煮 5 分鐘左右瀝乾，靜置到完全冷卻，用保鮮膜緊緊包好，裝入保鮮袋中，擠出空氣後密封冷凍。

建議解凍 & 烹調方法

維持冷凍

維持冷凍狀態燉煮

將冷凍狀態的芋頭放入沸騰的滷汁後蓋上鍋蓋熬煮。

冷凍法 **2**

水煮至略帶硬度後冷凍（切半月狀）

馬上就能用來煮豬肉味噌湯很棒！

切成半月狀
水煮至略帶硬度，靜置到完全冷卻後切成半月狀。

用保鮮膜緊緊包好
用保鮮膜緊緊包好，裝入保鮮袋中，擠出空氣後密封冷凍。

建議解凍＆烹調方法

維持冷凍　　**維持冷凍狀態炒菜**
熱油後放入冷凍狀態的小芋頭並蓋上鍋蓋，解凍後與其他材料拌炒。

冷凍法 **3**

燉煮後再冷凍

可以直接享用，想多準備一道菜就用這個！

燉煮小芋頭
去皮後燉煮小芋頭，連同滷汁靜置到完全冷卻。

裝入保鮮袋中冷凍
連同滷汁一起裝入保鮮袋中，擠出空氣後密封冷凍。

建議解凍＆烹調方法

流水、冷藏庫、熱水解凍　　**解凍後直接享用**
只需要解凍，亦可將冷凍狀態的芋頭整袋放進熱水中。

MEMO

去黏液後更容易入味　　雖然大多用來燉煮，但因為表面黏稠，直接烹調的話調味料也不容易入味。先用大量水煮過後再冷凍，之後不但可以直接使用，燉煮的時候也比較入味。

主要營養與功效	冷凍 memo
氣味與辛辣的主要成份為二烯丙基二硫,能讓血液清爽、殺菌以及抗氧化,亦有助於消除疲勞。	基本上是生鮮冷凍。蔥的解凍速度很快,就算冷凍狀態下也能直接放在涼拌豆腐上使用,相當方便。

保存期限 **3～4** 星期	生鮮冷凍 ○	川燙冷凍 ×	基礎調味冷凍 ×
	加水冰凍 ×	烹調後冷凍 ○	烹調前冷凍 ×

蔥

用來妝點菜色非常好用,冷凍保存超方便!

依照不同用途改變切法。

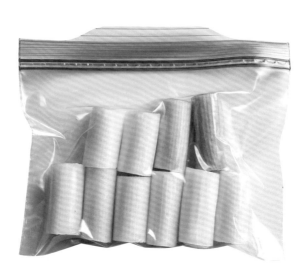

冷凍法 **1**

生鮮冷凍

長蔥（切段）

可煎可煮用途廣泛!

切段後冷凍

清洗後擦乾,切成 3～4cm 長段裝入保鮮袋中,擠出空氣後密封冷凍。

建議解凍 & 烹調方法

維持冷凍

維持冷凍狀態製作串燒

將冷凍狀態的蔥放在烤網上烤過,解凍後用竹籤串起來繼續烤。

冷凍法 **2**

長蔥（切小段）生鮮冷凍

用保鮮膜緊緊包好再冷凍！

STEP 1 ≫ STEP 2

切小段
清洗後擦乾水分，切掉根部後切成薄片小段。

用保鮮膜緊緊包好
用保鮮膜緊緊包好，裝入保鮮袋中，擠出空氣後密封冷凍。

建議解凍&烹調方法

維持冷凍、冰水、冷藏庫解凍

作為配料
在冷凍狀態下直接放入湯品或解凍後作為配料。

冷凍法 **3**

青蔥（切小段）生鮮冷凍

想用多少就用多少，少量也無妨！

 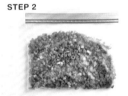

STEP 1 ≫ STEP 2

切小段
清洗後仔細擦乾，切掉根部後切成蔥花。

裝入保鮮袋中冷凍
直接裝入保鮮袋中，擠出空氣後密封冷凍。

建議解凍&烹調方法

維持冷凍、冰水、冷藏庫解凍

作為配料
在冷凍狀態下直接放入湯品或解凍後作為配料。

MEMO

切好後馬上冷凍

蔥的辛辣成份具有抗菌作用和抗氧化作用等功效。由於揮發性很高，所以清洗過度或切好後放著不管，營養就會流失，因此切好後就馬上冷凍起來吧。

主要營養與功效	冷凍 memo
生薑乾燥或加熱後會產生薑烯酚，可以讓血流順暢保持身體溫暖，殺菌效果可期。	依照每次使用的份量分開冷凍，根據用途來決定切成薄片或磨泥冷凍等，使用起來會更方便。

保存期限 **3～4** 個月	生鮮冷凍	○	川燙冷凍	✕	基礎調味冷凍	✕
	加水冰凍	✕	烹調後冷凍	○	烹調前冷凍	✕

冷凍法 1 | 大蒜、生薑（完整）生鮮冷凍

完整冷凍後使用方法無限多！

剝去薄皮後冷凍

將大蒜每片分開後去掉薄皮，切掉根部，用保鮮膜緊緊包好，裝入保鮮袋中密封冷凍。

建議解凍 & 烹調方法

冰水、冷藏庫解凍

打碎後用來爆香
將大蒜解凍後打碎，用油加熱爆香煎雞肉。

每一個用保鮮膜包起冷凍

清洗後仔細擦乾，每個分開用保鮮膜緊緊包好，直接裝入保鮮袋中，擠出空氣後密封冷凍。

建議解凍 & 烹調方法

維持冷凍、流水、冷藏庫解凍

磨成泥作為配料
將冷凍狀態（或解凍後）的生薑磨成泥作為配料。

大蒜、生薑

可以生鮮冷凍！切好分裝後冷凍會更方便使用！

冷凍法 2
生鮮冷凍 大蒜（切薄片）

可用來炒菜，加入令人食指大動的香氣

STEP 1

切成薄片

剝去薄皮後切成薄片，用竹籤等工具去掉芽。

»

STEP 2

用保鮮膜緊緊包好

用保鮮膜緊緊包好，裝入保鮮袋中，擠出空氣後密封冷凍。

建議解凍 & 烹調方法

維持冷凍

──────────

**維持冷凍狀態
製作橄欖油蒜香
義大利麵**

加熱冷凍狀態的蒜片和油，解凍後與其他材料拌炒。

冷凍法 3
生鮮冷凍 生薑（切絲）

添加在炒菜或燉煮菜餚當中增添風味！

STEP 1

切絲

清洗後仔細擦乾，去皮後切成 3～4cm 寬的細絲。

»

STEP 2

用保鮮膜緊緊包好

用保鮮膜緊緊包好，裝入保鮮袋中，擠出空氣後密封冷凍。

建議解凍 & 烹調方法

維持冷凍

──────────

**維持冷凍狀態
用來炒菜**

熱油後放入冷凍狀態的薑絲後蓋上鍋蓋，解凍後與其他材料拌炒。

冷凍法 4
生鮮冷凍 生薑（磨泥）

無論是薑泥還是薑汁都能提升風味！

STEP 1

磨泥

清洗後仔細擦乾，去皮後磨成泥。

»

STEP 2

用保鮮膜緊緊包好

用保鮮膜緊緊包好，裝入保鮮袋中，擠出空氣後密封冷凍。

建議解凍 & 烹調方法

冰水、
冷藏庫解凍

──────────

解凍後榨汁

將解凍後的薑泥榨出汁液。

主要營養與功效	冷凍 memo
紫蘇富含 β 胡蘿蔔素、維他命 K、維他命 B_2 等；茗荷則含有鉀；歐芹含維他命 K 等。	建議先根據用途切好，日後可以直接使用。製作湯品或炒菜的時候都能直接使用冷凍狀態的蔬菜。

保存期限 **2~3** 星期	生鮮冷凍 ○	川燙冷凍 ✕	基礎調味冷凍 ✕
	加水冰凍 ✕	烹調後冷凍 ✕	烹調前冷凍 ✕

紫蘇、茗荷、歐芹

先切好冷凍起來也比較不會浪費！

切成容易食用的大小冷凍保存比較方便。

冷凍法 **1**

生鮮冷凍 紫蘇（切絲）

添加在料理上，帶來清爽的風味！

建議解凍 & 烹調方法

維持冷凍、冰水、冷藏庫解凍

解凍後作為配料

冷凍狀態下可以直接加入炒菜，亦可解凍後作為配料。

切絲後冷凍

水洗後仔細擦乾，將葉莖切掉，全部切絲後直接裝入保鮮袋中，擠出空氣後密封冷凍。

220

冷凍法 **2**

生鮮冷凍 茗荷（切絲）

放在麵線或涼拌豆腐上！

STEP 1

切絲

清洗後仔細擦乾，對半直切後切絲。

STEP 2

裝入保鮮袋後冷凍

直接裝入保鮮袋中，擠出空氣後密封冷凍。

建議解凍 & 烹調方法

維持冷凍、流水、冷藏庫解凍

作為配料

將冷凍狀態的茗荷放入湯品中，或解凍後作為配料。

冷凍法 **3**

生鮮冷凍 歐芹（整顆）

用來為料理做最後的妝點！

STEP 1

仔細擦乾

清洗後仔細擦乾。

STEP 2

直接裝入保鮮袋

直接裝入保鮮袋中，擠出空氣後密封冷凍。

建議解凍 & 烹調方法

維持冷凍、流水、冷藏庫解凍

增添色彩

在冷凍狀態下打碎就能輕鬆剁碎，亦可解凍後使用◎。

MEMO

切好再冷凍能活用在許多料理上，相當方便

紫蘇能夠預防食物中毒，推薦搭配生鮮食物享用；茗荷揮發性很高，沒能馬上用完的就切一切冷凍保存最佳◎；歐芹的營養價值相當高，冷凍起來就能灑在各種料理上。

番茄醬風味蔬菜泥

如果沒有食物處理器也可用磨泥板！

保存期限 **1~2** 個月

食材（容易製作的份量）

番茄 ·········· 6 個（1 個 150g 左右）
洋蔥 ································· 1/2 個
大蒜 ··································· 2 瓣
A 鹽 ·························· 1 又 1/2 小匙
胡椒 ································· 少許
橄欖油 ···························· 1 大匙

製作方法

1 用食物處理器將番茄、洋蔥、大蒜打碎後（或用磨泥板磨泥）拌勻。

2 將步驟**1**的材料添加**A**後攪拌均勻，分成 2 等份後裝入保鮮袋中，擠出空氣後密封冷凍。

建議解凍 & 烹調方法

維持冷凍

可以用來作為燉煮高麗菜捲或番茄義大利麵的醬料。在冷凍狀態下放進鍋子或平底鍋裡加熱，稍微熬煮一下就很好吃。

鹽漬綜合蔬菜

可活用作為配菜、沙拉或涼拌菜！

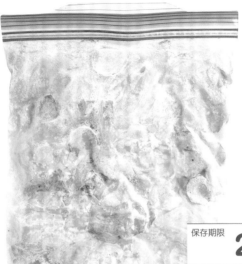

保存期限 **2~3** 星期

食材（容易製作的份量）

高麗菜	200g
小黃瓜	1 條
洋蔥	1/2 個
鹽	1 小匙
A 醋	2 小匙
橄欖油	1 大匙
胡椒	少許

製作方法

1 將高麗菜切成 3cm 片狀、小黃瓜切小段、洋蔥對半橫切後沿著纖維切成薄片。

2 將步驟 **1** 的材料全部放入大碗中，灑上鹽巴後稍微搓揉一下，靜置 10 分鐘後擦乾並擰乾。

3 將材料 **A** 加入步驟 **2** 的材料中，分成 2 等份後裝入保鮮袋中，擠出空氣後密封冷凍。

建議解凍 & 烹調方法

流水解凍

用流水稍微解凍並擰乾後，口感會留下一點韌度，水分也已適度減少，建議用來做涼拌菜或冷盤。

3 冷凍濃湯原料

何謂冷凍濃湯原料？

將蔬菜與調味料混合後拌炒，做成泥狀再冷凍。濃湯無論是加熱解凍還是涼的都能享用，存放著很方便。

當季蔬菜一次做成泥再冷凍保存！

＋

牛奶

豆漿

將牛奶、豆漿、椰奶與
冷凍狀態的 **冷凍濃湯原料**
混合然後加熱即可！

拿到當季蔬菜就做成濃湯冷凍起來

若是拿到當季蔬菜就一次煮起來打成泥狀，製作成冷凍濃湯原料。例如紅蘿蔔、茄子、馬鈴薯、小松菜、南瓜等，其他蔬菜亦可製作。只要將蔬菜泥冷凍起來就能保存蔬菜的營養，這一點也很棒。

吃的時候將冷凍狀態的蔬菜泥放入鍋中，用牛奶或豆漿調開並加熱即可，亦可做成冷湯。

要放入調理機前先放涼

製作冷凍濃湯原料時，燉煮材料一定要先放涼才能放入調理機。但是有些蔬菜放太涼也不好打碎，這一點要多注意。裝入保鮮袋中，擠出空氣後密封，建議放在鋁製托盤上冷凍保存。凍結後就可以直立放在冷凍庫中，這樣取用時也比較方便，裝入製冰器中冷凍也是個不錯的選擇。

冷凍濃湯原料基本製作方法

炒菜

將自己喜歡的蔬菜和調味料拌炒。

添加水分熬煮

加水後蓋上鍋蓋熬煮。

打成泥後冷凍

用食物調理器等將步驟 2 的材料打成泥，裝入保鮮袋後冷凍。

想做成濃湯享用時

維持冷凍狀態放入鍋中加熱

放入鍋內，添加牛奶等材料後加熱融化，用調味料調整口味。

亦可放入冰牛奶等一起攪拌

將冷凍狀態的原料加入冰牛奶中就會自然解凍，做成冷湯。

做好基礎調味，
就可以直接享用！

保存期限
冷凍 **2~3** 個月

食材（4人份）

紅蘿蔔 ·········· 2 根
　　　（1 根 300g × 2）
洋蔥 ·········· 1/2 個
奶油 ·········· 40g
水 ·········· 100ml
鹽 ·········· 1 又 1/2 小匙
胡椒 ·········· 少許

製作方法

1 將紅蘿蔔、洋蔥切成薄片。

2 用平底鍋加熱奶油，翻炒步驟 **1** 的材料，待洋蔥軟化後就添加水、鹽、胡椒後蓋上鍋蓋以中火熬煮 5 分鐘左右。

3 用食物調理機將步驟 **2** 的材料以食物調理機打成泥。

4 靜置到完全冷卻後分為 2 等份裝入保鮮袋中，擠出空氣後密封冷凍。

稍微保留一些紅蘿蔔口感的濃稠感，令人上癮的美味

直接烹調

維持冷凍狀態熬煮

食材與製作方法（2人份）

將冷凍紅蘿蔔濃湯原料（1袋）打碎放入鍋中，添加牛奶（或無調整豆漿／200ml）後以中火攪拌融化。盛裝到容器中，淋上橄欖油（少許）並灑上粗磨黑胡椒（少許）。

📎 **重點 memo**

使用冰牛奶或無調整豆漿來調配攪拌，做成紅蘿蔔冷湯享用也很棒。

茄子濃湯原料

\ 使用烤網烤過提升美味 /
& 茄子皮也比較好剝！

保存期限
冷凍 **2~3**個月

食材（4人份）

茄子	5 條
大蒜	2 瓣
洋蔥	1/2 個
橄欖油	3 大匙
味噌	2 小匙
鹽	1 小匙

製作方法

1 切掉茄子的蒂頭後，對半切開與大蒜、切成梳狀的洋蔥一起放在烤網上烤 10 分鐘左右，烤到茄子表皮焦掉。

2 將步驟 **1** 當中的茄子去皮。

3 用食物調理機將大蒜、洋蔥、步驟 **2** 的茄子、橄欖油、味噌以及鹽巴打成泥。

4 冷卻後分成 2 等份裝入保鮮袋中，擠出空氣後密封冷凍。

除了茄子的風味外，橄欖油和味噌更加畫龍點睛

直接烹調

維持冷凍狀態熬煮

食材與製作方法（2人份）

將冷凍茄子濃湯原料（1袋）打碎放入鍋中，添加牛奶（或無調整豆漿／200ml）後以中火攪拌融化。盛裝到容器中，可以灑上歐芹（剁碎）。

重點 memo

茄子用烤網烤過後，就算解凍也能享用到茄子原先的風味，相當推薦。

\ 打成泥狀的馬鈴薯 /
提升濃稠度！

馬鈴薯小松菜濃湯原料

保存期限
冷凍 **2～3** 個月

食材（4人份）

馬鈴薯	200g
小松菜	100g
長蔥	1/2 支
奶油	40g
水	100ml
鹽	1 又 1/2 小匙
胡椒	少許

製作方法

1 將馬鈴薯去皮後切成半月型的薄片，小松菜大致上切一下，長蔥則斜切成薄片。

2 以平底鍋加熱奶油，拌炒步驟**1**的材料，待材料軟化後添加水、鹽巴、胡椒並蓋上鍋蓋，以中火熬煮 5 分鐘左右。

3 用食物處理器將步驟**2**的材料打成泥。

4 冷卻後分成 2 等份裝入保鮮袋中，擠出空氣後密封冷凍。

馬鈴薯的甘甜與奶油的濃郁最是對味！

直接烹調

維持冷凍狀態攪拌

食材與製作方法（2人份）

將馬鈴薯和小松菜濃湯冷凍材料（1袋）打碎放入鍋中，添加牛奶（或無調整豆漿／200ml）攪拌便會自然解凍做成馬鈴薯冷湯。可以灑上蔥花，加熱後也很好吃。

重點 memo

添加奶油能讓口味更加濃郁，做成冷湯會很清爽，加熱後就會變得更濃稠，可以品嘗不同風味。

\ 為了讓口味能夠均勻， /
\ 訣竅是打成泥之前先炒過！ /

保存期限
冷凍 **2~3** 個月

食材（4人份）

南瓜 .... 1/4 個
（處理後 300g）
洋蔥 .... 1/2 個
橄欖油 .... 1 大匙
水 100ml
咖哩粉 .... 1 小匙
鹽 .... 1 又 1/2 小匙
胡椒 .... 少許

製作方法

1 南瓜去掉種子和皮後，切成 1cm 厚的薄片；
洋蔥切薄片。

2 用平底鍋加熱橄欖油，翻炒步驟 1 的材料。
待洋蔥軟化後添加水、咖哩粉、鹽巴、胡椒，
蓋上鍋蓋以中火熬煮 5 分鐘左右。

3 用食物調理機將步驟 2 的材料打成泥狀。

4 冷卻後分成 2 等份裝入保鮮袋中，擠出空氣
後密封冷凍。

南瓜甘甜與咖哩辛辣很對味

直接烹調

維持冷凍狀態熬煮

食材與製作方法（2人份）

將冷凍南瓜咖哩濃湯原料（1袋）
打碎放入鍋中，添加牛奶（或豆
漿／椰奶／200ml）後以中火加
熱攪拌。盛裝到容器中，灑上粗
粒胡椒（少許）。

重點 memo

最後灑上粗粒黑胡椒添加辛
香。如果想增添一些色彩，
亦可灑上歐芹（剁碎）。

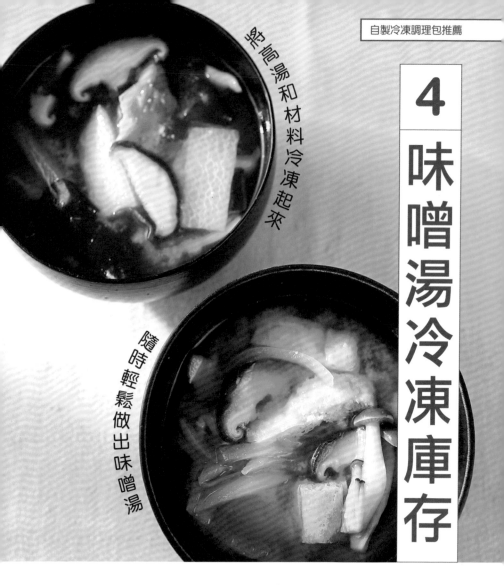

4 味噌湯冷凍庫存

把高湯和材料冷凍起來

隨時輕鬆做出味噌湯

**用穩定的口味
做出美味料理！**

　　只需要將製作味噌湯的食材切好冷凍起來，隨時都能輕鬆做出味噌湯，不需要煩惱要做什麼菜或擔心營養不良。不容易煮爛的食材冷凍過後也比較容易煮熟，混合2種甚至更多菇類的話也會提升美味度。高湯亦可用每次2杯這樣固定的份量冷凍起來，口味就會很穩定，最後亦可添加約固定量的味噌即可。

隨時都能做出穩定口味非常方便！

食材（容易製作的份量）

昆布⋯⋯1 片（15 ～ 20cm）
柴魚片⋯⋯⋯⋯⋯⋯⋯⋯⋯20g
水⋯⋯⋯⋯⋯⋯⋯⋯⋯⋯⋯⋯2L

保存期限
冷凍 **2～3** 個月

製作方法

1 將水放入鍋中，用濕布擦過昆布後將昆布也放進去，靜置 10 分鐘左右待昆布軟化後就開大火。

2 在快要沸騰的時候關火取出昆布，添加柴魚片再次開大火。

3 柴魚片開始蓬鬆時就關火。

4 靜置 10 ～ 15 分鐘左右待柴魚片沉下去，用舖了廚房紙巾的濾網過濾。

5 分裝成 2 杯左右裝入保存容器中，靜置到完全冷卻後蓋上蓋子冷凍。

洋蔥有著爽脆口感
口感真棒！

切後冷凍

食材（容易製作的份量）

洋蔥	2 個
鴻喜菇	1 包（100g）
香菇	1 包（100g）
油豆腐	3 片

製作方法

將洋蔥切成 1cm 寬，鴻喜菇的根部切掉後撕開，香菇蒂切掉後切成薄片，油豆腐切成 1cm 寬，全部放在一起裝入保鮮袋中冷凍。

保存期限
冷凍 **2~3** 星期

香菇＋油豆腐
洋蔥＋鴻喜菇＋

香菇高湯
充分提升美味！

切後冷凍

食材（容易製作的份量）

蘿蔔	1/3 根
舞菇	1 包（100g）
香菇	1 包（100g）
新鮮海帶芽	50g

製作方法

將蘿蔔切成短條，舞菇切掉過硬處後撕開，香菇軸切掉後切成薄片，海帶芽也稍微切一下，全部放在一起裝入保鮮袋中冷凍。

保存期限
冷凍 **2~3** 星期

香菇＋海帶芽
蘿蔔＋舞菇＋

味噌湯製作方法（2 人份）

1 將冷凍高湯（1 個）放入鍋中開中火。

2 待高湯融化後，放入冷凍狀態的味噌湯食材（2 把左右）加熱。

3 煮開後添加味噌（1 又 1/2 大匙）並化開。

重點 memo

將食材放進比較大的保鮮袋裡稍微留點空間，不要擠出空氣，這樣材料會比較容易分開（不會全部凍結成一塊），也比較容易拿出需要用的量。

冰凍水果

當季水果仔細清洗後去皮，裝入冷凍用保鮮袋，
冷凍狀態也能美味享用，當成點心正好。

冰凍享用
非常美味

仔細清洗後擦乾

用流水清洗後為了避免結霜，
一定要仔細擦乾，直接裝入
保鮮袋中，擠出空氣後密封
冷凍。

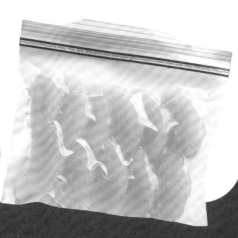

柑橘類的水果
需去除薄皮

橘子等水果的美味訣竅是去掉
薄皮後再冷凍。

水果冷凍技巧

冷凍也很好吃！
水果只要冷凍起來就能保持鮮度，相當推薦。

果醬

水果可以用糖度高的砂
糖或蜂蜜熬煮後冷凍，
即可長期保存。

蘋果去皮後用砂糖和
蜂蜜熬煮。

草莓添加砂糖和檸檬汁
熬煮成果醬。

用蜂蜜或糖漿
浸泡

糖漬

就算不熬煮成果醬，
只要浸泡在蜂蜜或糖漿裡
也能防止表面劣化。

奇異果可以淋上
果糖後冷凍。

香蕉添加蜂蜜浸泡後冷凍。

主要營養與功效	冷凍 memo
主要成分為碳水化合物，可以使心臟與腦部正常運作、打造細胞等，是維持生命不可或缺的能量來源。	白飯冷凍起來就能延長保存期限，白米和麻糬冷凍則能避免蟲害，因此相當推薦冷凍保存。

保存期限 白飯 **3** 個月 白米、麻糬 **1** 年		直接冷凍 ○	川燙冷凍 ✕	基礎調味冷凍 ✕
		加水冰凍 ✕	烹調後冷凍 ✕	烹調前冷凍 ✕

白飯、白米、年糕

剩下來的白飯、白米和年糕也能冷凍，想吃的時候就維持冷凍狀態拿去烹調。

白米分裝在保鮮袋中冷凍

將白米裝入保鮮袋中，擠出空氣後密封冷凍。

年糕用保鮮膜包起來冷凍

將每顆年糕分別用保鮮膜緊緊包好，裝入保鮮袋中，擠出空氣後密封冷凍。

白飯待完全冷卻後用保鮮膜包起來冷凍

STEP 1

將保鮮膜鋪在盤子上，放上白飯靜置冷卻。

STEP 2

盡可能在不壓碎飯粒的情況下將白飯推平，用保鮮膜緊緊包好，裝入保鮮袋中，擠出空氣後密封冷凍。

主要營養與功效	冷凍 memo
麵包的主要成分是碳水化合物，食物纖維具有改善腸道運作情況的功效；穀片富含食物纖維、維他命和礦物質。	麵包很容易變硬或發霉，最好冷凍保存；穀片就算冷凍也能夠馬上享用，非常方便。

保存期限		直接冷凍	○	川燙冷凍	×	基礎調味冷凍	×
3 個月		加水冰凍	×	烹調後冷凍	×	烹調前冷凍	×

麵包、穀片

麵包買來馬上冷凍起來就能夠維持鬆軟口感。穀片、麵包粉、麵包丁冷凍也OK，可以在烹調時自然解凍。

每一片、每一個都分開用保鮮膜包好冷凍

法國麵包或土司麵包要一片片裝入保鮮袋中，擠出空氣後密封冷凍，亦可只用保鮮膜捲三圈。

直接裝入保鮮袋中冷凍

不耐濕氣的麵包粉和麵包丁直接裝入保鮮袋中，推平並擠出空氣後密封冷凍。

穀片連同內袋裝入保鮮袋中冷凍

穀片如果已經開封，就封口後裝入保鮮袋內，擠出空氣後密封冷凍。

主要營養與功效	冷凍 memo
含有大量碳水化合物，蕎麥麵富含食物纖維，可以抑制血糖上升，具有預防糖尿病的效果。	烏龍麵和麵線可以連同原先的包裝一起冷凍，非常方便；蕎麥麵非常怕乾燥，要用保鮮膜緊緊包好再冷凍。

保存期限	烏龍麵、麵線 **2** 個月	直接冷凍 ○	川燙冷凍 ×	基礎調味冷凍 ×
	蕎麥麵 **2～3** 星期	加水冰凍 ×	烹調後冷凍 ×	烹調前冷凍 ×

烏龍麵、蕎麥麵、麵線

冷凍保存的情況下，水煮烏龍麵和已開封的麵線等乾麵類大約可放 2 個月；生的蕎麥麵則可放 2～3 星期。以上都在冷凍狀態下烹調。

原先包裝
放入保鮮袋中冷凍

將市售的水煮烏龍麵連同包裝放入保鮮袋中密封冷凍，水煮蕎麥麵也是一樣。

依照每人份的量
用保鮮膜包起冷凍

生蕎麥麵或手打烏龍麵分成一人份量，用保鮮膜緊緊包好＆裝入保鮮袋中密封冷凍。

連同包裝
放入保鮮袋中冷凍

麵線如果開封了就要冷凍起來，裝入保鮮袋中，擠出空氣後密封冷凍。

主要營養與功效	冷凍 memo
主要成分為碳水化合物，也因含有蛋白質，故有打造肌肉、內臟以及幫助荷爾蒙作用的功效。	義大利麵在冷凍後可以維持冷凍狀態使用，非常方便；中式麵條為了避免乾燥，需用保鮮膜將單人份量緊緊包好再冷凍保存。

保存期限 **1～2** 個月 （乾燥義大利麵：數年）		
直接冷凍 ○	川燙冷凍 ×	基礎調味冷凍 ×
加水冰凍 ×	烹調後冷凍 ×	烹調前冷凍 ○

義大利麵、中式麵條

義大利麵和中式麵條在冷凍保存後，可以在冷凍狀態下直接烹調，需要做宵夜或有點餓的時候是相當方便的選擇，多少可以存放一些。

水煮至略硬後冷凍

乾燥義大利麵煮好後與橄欖油、鹽、胡椒拌勻後靜置冷卻，裝入保鮮袋中冷凍。

分成每 100g 一包冷凍

生義大利麵分成小包裝，用保鮮膜緊緊包好，裝入保鮮袋中，擠出空氣後密封冷凍。

用保鮮膜包好冷凍

生的中式麵條分裝成一餐的份量，用保鮮膜包好裝入保鮮袋中，擠出空氣後密封冷凍。

主要營養與功效	冷凍 memo
餃子和春捲皮的原料是麵粉，因此主成分是碳水化合物，令人意外的是醣質偏高，因此限醣者最好少吃。	將保鮮膜和皮交錯相疊，冷凍保存也不會沾黏在一起，要拿的時候亦可一片片拿取，是相當推薦的做法。

保存期限 **1~3** 個月	直接冷凍	○	川燙冷凍	×	基礎調味冷凍	×
	加水冰凍	×	烹調後冷凍	×	烹調前冷凍	×

餃子皮、春捲皮

沒用完的餃子皮和春捲皮只要巧手冷凍起來就能放 1～3 個月。下點功夫讓東西在冷凍後就算要用也只拿需要的量就很方便。

皮和保鮮膜
交錯相疊後冷凍

將保鮮膜和餃子皮一張張交錯相疊，再把整疊用保鮮膜緊緊包好，裝入保鮮袋中，擠出空氣後密封冷凍。

皮和保鮮膜
交錯相疊後冷凍

春捲皮也一樣和保鮮膜交錯相疊，用保鮮膜緊緊包好後，裝入保鮮袋中，擠出空氣後密封冷凍。

主要營養與功效	冷凍 memo
麵粉和太白粉的主要成分也是碳水化合物，食物纖維能夠增加腸道中的好菌，具有排出多餘膽固醇的功效。	老化的蛋白質會劣化，如麵粉在做麵包的時候不易發酵膨脹，建議開封後的麵粉和太白粉都要冷凍起來保存。

保存期限 **1** 年以上	直接冷凍 ○	川燙冷凍 ✕	基礎調味冷凍 ✕
	加水冰凍 ✕	烹調後冷凍 ✕	烹調前冷凍 ✕

麵粉、太白粉

粉類容易發霉或沾染其他味道，也相當適合冷凍保存。確實封口後裝入保鮮袋內密封，就可以保存 1 年以上。

封口後冷凍

麵粉一旦開封，就要仔細封口後用膠帶貼好，裝入保鮮袋中，擠出空氣後密封冷凍。

封口後冷凍

將用到一半的太白粉袋口封住，用膠帶貼好裝入保鮮袋中，擠出空氣後密封冷凍。

	主要營養與功效	冷凍 memo
	堅果和芝麻是脂質較多的食材，含有體內無法自行打造的必需胺酸，是細胞膜的原料、能量來源，具有維持健康的効用。	堅果和芝麻相當不耐潮，因此建議根據每次用量分別以保鮮膜緊緊包好後再冷凍。

保存期限 **1** 年	直接冷凍 ○	川燙冷凍 ×	基礎調味冷凍 ×
	加水冰凍 ×	烹調後冷凍 ×	烹調前冷凍 ×

堅果、芝麻

油脂量多的堅果和芝麻容易氧化，劣化也很快，因此建議冷凍保存，從冷凍庫取出後也能馬上使用。

將每餐份量（10 顆）分裝小包後冷凍

堅果大概每 10 顆分成一包，用保鮮膜緊緊包好。將保鮮膜包好的堅果放幾包到保鮮袋裡密封冷凍。

一大匙一包冷凍起來

芝麻分裝為 1 大匙一包，用保鮮膜緊緊包好，裝進保鮮袋中密封冷凍。

主要營養與功效	冷凍 memo
柴魚片有抗氧化作用，小魚乾富含鈣質，昆布和海苔可以減少中性脂肪，對預防生活習慣病相當有效。	因為不耐潮濕，建議開封後就要冷凍保存。海苔也要用保鮮膜緊緊包起來再冷凍。全部都可以在冷凍狀態下烹調，非常方便。

保存期限 **2～3**個月（海苔：4～5個月）	直接冷凍 ○	川燙冷凍 ✕	基礎調味冷凍 ✕
	加水冰凍 ✕	烹調後冷凍 ✕	烹調前冷凍 ✕

柴魚片、小魚乾、昆布、海苔

不耐潮濕的乾燥食品也建議冷凍保存。海苔大概可保存 4～5 個月，除此之外都可以保存 2～3 個月，只取出要使用的部分在冷凍狀態下直接烹調即可。

開封後用保鮮袋冷凍

柴魚片在開封後就會開始劣化，因此直接裝入保鮮袋中密封冷凍。

裝入保鮮袋中冷凍

小魚乾會從內臟部份開始損壞，因此建議冷凍保存。裝入保鮮袋中，擠出空氣後密封冷凍。

擦去髒汙後冷凍

昆布用擰乾的濕布擦乾淨之後，切成容易使用的大小，裝入保鮮袋中密封冷凍。

用保鮮膜 & 保鮮袋裝好冷凍

海苔很容易受潮，建議冷凍起來。用保鮮膜緊緊包好，裝入保鮮袋中密封冷凍。

主要營養與功效	冷凍 memo
海藻富含水溶性食物纖維，能夠預防便祕，同時也能降低膽固醇，具有提高免疫力的效果。	海帶芽和海藻可以直接冷凍，長壽藻要去鹽後再冷凍。先將每次用量分裝成小包，之後就能夠維持冷凍狀態直接使用，非常方便。

保存期限 **2~3** 個月	直接冷凍 ○	川燙冷凍 ×	基礎調味冷凍 ×
	加水冰凍 ×	烹調後冷凍 ×	烹調前冷凍 ×

海帶芽、海藻、長壽藻

最好先處理成能夠馬上使用的狀態再冷凍。

可以在冷凍狀態下直接使用，海藻和長壽藻亦可先放在冷藏庫解凍。

泡開後
用保鮮膜包好冷凍

生的海帶芽泡開後切成容易食用的大小分裝，用保鮮膜緊緊包好，裝入保鮮袋中密封冷凍。

裝入保鮮袋中冷凍

海藻裝入保鮮袋中，攤平後冷凍或用保鮮膜緊緊包好，裝入保鮮袋中密封冷凍。

去鹽後再冷凍

鹽漬長壽藻一定要去鹽，用保鮮膜將每次用量緊緊包好，裝入保鮮袋中密封冷凍。

主要營養與功效	冷凍 memo
香料和香草在抗氧化以及肌膚美容方面都相當有效，調味料可以補充鈉等礦物質、蛋白質。	香料和調味料可以使用原本的容器冷凍，相當方便。香草亦可直接冷凍，使用的時候可維持冷凍狀態直接打碎。

保存期限 香料 **6** 個月 咖哩塊 **1** 個月	直接冷凍 ○	川燙冷凍 ×	基礎調味冷凍 ×
香草 **2～3** 星期 味噌 **2** 個月	加水冰凍 ×	烹調後冷凍 ×	烹調前冷凍 ×

香料、香草、調味料

雖然是冷凍保存但不會結冰，能夠馬上使用。

冷凍庫內的溫度很低，能有效使香料或香草不易氧化。

原先瓶裝直接冷凍

開封後的香料將瓶口蓋緊，直接放入冷凍庫內冷凍。

使用保鮮膜 & 保鮮袋冷凍

仔細擦乾香草後，用保鮮膜緊緊包好，裝入保鮮袋中密封冷凍。

蓋上蓋子冷凍

開封後的味噌蓋緊蓋子，裝入保鮮袋中密封冷凍。

使用保鮮膜 & 保鮮袋冷凍

沒有用完的咖哩塊用保鮮膜緊緊包好，裝入保鮮袋中冷凍。

主要營養與功效	冷凍 memo
茶葉和咖啡富含 β 胡蘿蔔素和多酚，具有相當高的抗氧化作用，能夠預防老化、維持健康。	相當不耐高溫高溼，為了防止劣化建議冷凍保存，只要冷凍起來保存期限也會延長，東西會變得比較耐放。

保存期限 **6**個月~**1**年	直接冷凍	○	川燙冷凍	×	基礎調味冷凍	×
	加水冰凍	×	烹調後冷凍	×	烹調前冷凍	×

茶葉、咖啡

茶葉、咖啡、紅茶等容易散失香氣，如果冷凍保存起來，就能夠維持香氣較佳的狀態保存 6 個月～1 年，冷凍狀態下即可直接使用。

封口後密封冷凍

綠茶等沒有用完的話，將原先袋子中的空氣擠出並密封，裝入保鮮袋中密封冷凍。

使用保鮮膜 & 保鮮袋分裝每次用量

紅茶茶葉的香氣就是其生命。將每次用量用保鮮膜緊緊包好，裝入保鮮袋中密封冷凍。

使用保鮮膜 & 保鮮袋分裝每次用量

咖啡豆不管是豆子或磨好的咖啡粉，都一樣將每次用量用保鮮膜緊緊包好，裝入保鮮袋中密封冷凍。

	主要營養與功效	冷凍 memo	
	含有較多碳水化合物與醣質，可以作為使身體運作活動的能量來源。	吃不完的部分冷凍起來可以放比較久。羊羹靜置到完全解凍，長崎蛋糕則建議微波解凍。	

保存期限 **3～4** 個月	直接冷凍 ○	川燙冷凍 ✕	基礎調味冷凍 ✕
	加水冰凍 ✕	烹調後冷凍 ✕	烹調前冷凍 ✕

大福、羊羹、長崎蛋糕

日式點心只要放一小段時間就會變硬，建議盡早冷凍保存。這樣一來就能夠維持其柔軟度 3～4 個月。

每個分別用保鮮膜包起後冷凍

大福先灑上太白粉後用保鮮膜包起來，裝入保鮮袋中密封冷凍。

每片分別用保鮮膜包起後冷凍

吃不完的羊羹切成一口大小後每片用保鮮膜包起來，裝入保鮮袋中密封冷凍。

每片分別用保鮮膜包起後冷凍

長崎蛋糕在乾掉之前就要用保鮮膜包好，裝入保鮮袋中密封冷凍。

主要營養與功效	冷凍 memo
餅乾和仙貝的原料是麵粉或米，因此主成份是碳水化合物，同時含有脂質、鹽份、糖類等，不宜攝取過多。	每片分別用保鮮膜包起來冷凍的話，可以保存半年，想吃的時候放在常溫下解凍或用廚房紙巾包起來以微波爐解凍也 OK ◎。

保存期限 半年	直接冷凍	○	川燙冷凍	×	基礎調味冷凍	×
	加水冰凍	×	烹調後冷凍	×	烹調前冷凍	×

餅乾、仙貝

餅乾和仙貝亦可冷凍保存。因為很容易受潮，沒辦法馬上吃完的話就冷凍保存起來，這樣一來就能夠吃上半年。

每片用保鮮膜包起來後冷凍

單片包裝的餅乾維持原狀，否則就用保鮮膜將每片餅乾分別包起來。裝入保鮮袋的時候不要疊在一起，擠出空氣後密封冷凍。

趁還沒受潮就冷凍起來

仙貝也一樣用保鮮膜包好，裝入保鮮袋中密封冷凍。

主要營養與功效	冷凍 memo
含有澱粉等碳水化合物、糖類、脂質等，蛋糕的水果含有維他命 C，具有打造膠原蛋白的功效。	有水果的種類最好拿掉水果再冷凍。蛋糕和派塔要解凍的話，基本上都是冷藏庫解凍。

保存期限 半年	直接冷凍	○	川燙冷凍	✕	基礎調味冷凍	✕
	加水冰凍	✕	烹調後冷凍	✕	烹調前冷凍	✕

蛋糕、派塔

如果買整顆的蛋糕或派塔，很容易吃不完，可以冷凍保存起來，要記得美味冷凍的訣竅。

把新鮮水果拿起來再冷凍

新鮮水果不適合冷凍，請一定要拿起來後再包保鮮膜，裝入保鮮袋中密封冷凍。

每片分別用保鮮膜包好冷凍

蛋糕要用保鮮膜緊緊包好，裝入保鮮袋中密封冷凍。

奶黃醬解凍後要小心

用保鮮膜包好，裝入保鮮袋中密封就可以冷凍，解凍後一定要馬上吃完。

磅蛋糕用保鮮膜包好 & 裝入保鮮袋中冷凍

切片後每片分別用保鮮膜緊緊包好，裝入保鮮袋中。冷藏庫解凍較佳◎。

保鮮膜包好 & 保鮮袋冷凍

冷卻之後每片分別用保鮮膜包好，裝入保鮮袋中密封冷凍，可在冷凍狀態下微波加熱。

每片用保鮮膜緊緊包好後冷凍

和保鮮膜交錯重疊後再整疊用保鮮膜包起來，裝入保鮮袋中密封冷凍，解凍時放到冷藏庫解凍。

無論是「門式」還是「抽屜式」的冷凍庫，關鍵都在於收東西的時候盡可能要容易瀏覽、輕鬆取出以縮短冰箱的開關時間。這樣一來，除了容易拿取外，也是為了避免冰箱內的溫度上升而引發食物本身變質，以利於長久享用美味。

整理方式

2

冷凍庫裡的東西基本上要立著放

整理方式

1

根據食材種類決定擺放區域

冷凍保存的基本原則為「直立擺放」。食物裝入保鮮袋中攤平後會平放冷凍，但只要凍結了就將東西直立起來較佳。可以利用置物籃、書架等工具，讓東西即使立著也不會倒下，這樣收納起來既清爽又簡單明瞭。

最重要的是能夠「一眼看清」哪裡有放什麼東西，最關鍵的是設定區域，可以先劃分好「肉類」、「海鮮」、「蔬菜」等種類，還有「生的」、「已烹調」等，將不同種類放在不同區域非常方便！要烹調的時候也能夠毫不猶豫地取出需要的東西。

4

盡可能塞滿冷凍庫

3

貼上標籤好確定內容物

如果塞太多東西在冷藏庫可能會造成溫度上升，但冷凍庫則相反。如果冷凍庫內空蕩蕩，那麼開關的時候暖空氣就會進入，造成溫度上升。如果有確實塞滿東西，空氣就不容易進入冷凍庫內，可以抑制溫度上升，防止冷凍食材劣化。

雖然冷凍了但根本不知道裡面是什麼……。大家是否有過這樣的經驗？冷凍的時候為了日後能清楚知道內容物和日期，請用紙膠帶或標籤寫好後貼上去吧。另外，更好的方式是使用能夠一眼就看出內容物的保鮮袋或保存容器。

全圖解 正確冷凍解凍預備菜快速上桌

330 種食材保鮮 × **33** 道簡易食譜，
鎖住營養美味／零剩食／回家就開飯

作者朝日新聞出版（編著）、鈴木徹（監修）、牛尾理惠（料理）
譯者黃詩婷
主編林昱霖
責任編輯陳卓均
封面設計徐薇涵 Libao Shiu
內頁美術設計董嘉惠

執行長何飛鵬
PCH集團生活旅遊事業總經理暨社長李淑霞
總編輯汪雨菁
行銷企畫經理呂妙君
行銷企劃主任許立心

出版公司
墨刻出版股份有限公司
地址：115台北市南港區昆陽街16號7樓
電話：886-2-2500-7008／傳真：886-2-2500-7796／E-mail：mook_service@hmg.com.tw
發行公司
英屬蓋曼群島商家庭傳媒股份有限公司城邦分公司
城邦讀書花園：www.cite.com.tw
劃撥：19863813／戶名：書虫股份有限公司
香港發行城邦（香港）出版集團有限公司
地址：香港九龍土瓜灣土瓜灣道86號順聯工業大廈6樓A室
電話：852-2508-6231／傳真：852-2578-9337／E-mail：hkcite@biznetvigator.com
城邦（馬新）出版集團 Cite (M) Sdn Bhd
地址：41, Jalan Radin Anum, Bandar Baru Sri Petaling, 57000 Kuala Lumpur, Malaysia.
電話：(603)90563833／傳真：(603)90576622／E-mail：services@cite.my
製版・印刷漾格科技股份有限公司
ISBN978-986-289-992-2、978-986-289-991-5（EPUB）
城邦書號KJ2098 **初版**2024年04月
定價460元
MOOK官網www.mook.com.tw
Facebook粉絲團
MOOK墨刻出版 www.facebook.com/travelmook
版權所有・翻印必究

MUDANISHINAI! OISHIKU TABEKIRU! REITŌ-HOZON& KAITŌ-TEKU
BY Asahi Shimbun Publications Inc.
Copyright © 2022 Asahi Shimbun Publications Inc.
All rights reserved.
Original Japanese edition published by Asahi Shimbun Publications Inc., Japan
Chinese translation rights in complex characters arranged with Asahi Shimbun Publications Inc.,
Japan through BARDON-Chinese Media Agency, Taipei.
This Complex Chinese edition is published by Mook Publications Co., Ltd.

國家圖書館出版品預行編目資料

正確冷凍解凍,預備菜快速上桌 :(全圖解)330種食材保鮮 x 33道簡
易食譜,鎖住營養美味/零剩食/回家就開飯/朝日新聞出版編著;黃
詩婷譯. -- 初版. -- 臺北市：墨刻出版股份有限公司出版：英屬蓋曼
群島商家庭傳媒股份有限公司城邦分公司發行, 2024.04
256面；14.8×21公分. -- (SASUGAS ;KJ2098)
譯自：冷凍保存&解凍テク
ISBN 978-986-289-992-2(平裝)
1.CST: 烹飪 2.CST: 食譜 3.CST: 冷凍食品
427.1   113002208